新型农民现代农业技术与技能培训丛书

食用菌制种工培训教材

朱兰宝　编著

金 盾 出 版 社

内 容 提 要

本书为“新型农民现代农业技术与技能培训丛书”的一个分册，内容包括：食用菌制种工的基本职责，食用菌制种的基本知识，食用菌制种的基本技能，不同类别食用菌制种技术，实验室检验技术。文字通俗易懂，技术先进实用，可操作性强。适合作为新技术培训和广大农民自学读本。

图书在版编目(CIP)数据

食用菌制种工培训教材/朱兰宝编著．—北京：金盾出版社，2008.3

(新型农民现代农业技术与技能培训丛书)

ISBN 978-7-5082-4957-5

Ⅰ.食… Ⅱ.朱 Ⅲ.食用菌-制种-技术培训-教材 Ⅳ.S646.038

中国版本图书馆 CIP 数据核字(2008)第 002173 号

金盾出版社出版、总发行

北京太平路 5 号(地铁万寿路站往南)

邮政编码：100036 电话：68214039 83219215

传真：68276683 网址：www.jdcbs.cn

封面印刷：北京 2207 工厂

正文印刷：北京华正印刷有限公司

装订：北京华正印刷有限公司

各地新华书店经销

开本：850×1168 1/32 印张：5.25 字数：125 千字

2009 年 1 月第 1 版第 2 次印刷

印数：10001—18000 册 定价：9.00 元

新型农民现代技术与技能培训丛书

序　言

中共中央国务院[2007]1号文件明确指出，加强“三农”工作，积极发展现代农业，扎实推进社会主义新农村建设，是全面落实科学发展观、构建社会主义和谐社会的必然要求，是加快社会主义现代化建设的重大任务。

我国农业人口众多，发展现代农业、建设社会主义新农村，是一项伟大而艰巨的综合工程，不仅需要深化农村综合改革、加快建立投入保障机制、加强农业基础建设、加大科技支撑力度、健全现代农业产业体系和农村市场体系，而且必须注重培养新型农民，造就建设现代农业的人才队伍。

胡锦涛总书记在党的十七大报告中进一步指出，要培育有文化、懂技术、会经营的新型农民，发挥亿万农民建设新农村的主体作用。

新型农民是一支数以亿计的现代农业劳动大军，这支队伍的建立和壮大，只靠学校培养是远远不够的，主要应通过对广大青壮年农民进行现代农业技术与技能的培训来实现。金盾出版社在对农业岗位培训进行广泛调研的基础上，与中国农业大学老科技工作者协会、华中农业大学老教授协会等单位共同策划，约请数百名农业专家、学者参加，组织编写了“新型农民现代农业技术与技能培训丛书”(以下简称“丛书”)。“丛书”坚持以现阶段我国青壮年农民的文化技术水平出发，突出现代农业技术与技能的传授，注重其先进性和实用性；“丛书”以教材形式编写，共有 88 个分册，涉及 81 个农业岗位，除水稻农艺工、蔬菜园艺工、蔬菜植保员、果树植保员分南方本和北方本外，其他均为一个岗位一本培训教材，以方便县(市)、乡(镇)、村组织新型农民培训和农业企业进行岗位培训时选用。“丛书”的组编和出版，还得到了河北农业大学、沈阳农业大学、西北农林科技大学、甘肃农业大学、北京农学院、山东畜牧兽医职业技术学院、大连民族学院、中国农业科学院茶叶研究所、中国农业科学院油料研究所、中国农业科学院郑州果树研究所、中国农业科学院特产研究所、中国农业科学院桑蚕研究所、中国养蜂学会、内蒙古自治区农牧科学院、甘肃省蔬菜研究所、山东省果树研究所、广西壮族自治区柑桔研究所、山西省畜牧兽医研究所等单位部分专家、教授的支持和参与，并列入劳动和社会保障部《全国职业培训与技能鉴定用书目录》，进行推荐，使我们深感欣慰，在此表示衷心感谢。我们希望和相信，通过“丛书”的出版发行，能为新型农民队伍的发展壮大贡献一份力量，也能为现代农业技术与技能培训积累一些可供借鉴的经验。

“丛书”编写时间有限，各分册存在不足或错漏在所难免，恳请同仁和各使用单位批评指正。

编 委 会

2008 年 1 月

前　言

当前,党中央提出建设社会主义新农村的战略决策,并将"生产发展,生活宽裕,乡风文明,村容整洁,管理民主"20 字方针作为基本目标。显然,生产发展是居于主导地位,当务之急是把新科技迅速普及到农村去。本书着重介绍食用菌的菌种制作等技术,通过培训或自学,让具有一定文化水平的农民,掌握食用菌制种的基础知识和基本技能,从而促进生产发展。

编写本培训教材的着重点在于通过食用菌制种的现代科技,讲解基础理论并以实例来突出实践,全文贯穿理论联系实际,文字通俗易懂,图文并茂,可操作性强。各章节后均列有思考题,重点突出,富有启发性。读者通过培训或自学,能够系统掌握食用菌菌种制作的各个环节技术,解决生产实际问题,达到立竿见影的效果。

编者期望这本小册子的出版,对推动社会主义新农村建设,发展农村经济,能起到添砖加瓦的作用。本书在编写过程中所参阅的有关文献和资料,恕不一一列举,谨向作者致意。由于编写的时间仓促,书中若有不妥之处,恳请批评指正。

编 著 者

2007 年 9 月

目　录

第一章　食用菌制种工的基本职责

一、制种工的基本职责

食用菌菌种是食用菌生产的核心。它是用人工分离培养的纯菌丝体,作为进一步扩大繁殖应用于生产。菌种相当于农作物的种子,有了高产优质的种子,再给予科学的栽培管理措施,就能获得丰产、丰收。菌种的优劣,是食用菌生产成败的关键,也是高产优质的内在因素,科学的栽培管理技术必须通过菌种才能充分发挥作用。因此,分离培养优良菌种,是提高食用菌生产水平的首要环节。

食用菌生产成功的另一个重要环节是根据各品种的特性,抓好播种的生产季节。食用菌制种工必须按照不同地区、不同食用菌品种的播种季节,不误农时,向栽培者提供优质菌种。

因此,食用菌制种工的基本职责:准确、按计划和如数地向生产者提供高产优质的食用菌各级菌种。

二、制种工应具备的基本知识

(一)微生物主要类群的形态及结构

微生物的形态及结构较为简单,个体很小,必须用显微镜或电子显微镜进行观察。与食用菌制种有关的微生物有如下几种:①病毒。是一种非细胞形态的生物,它没有细胞结构,必须用电子显微镜才能观察到它的极小个体,而且它只能在活的寄主细胞中进行代谢和繁殖。②细菌。它具有细胞结构，有原核，没有核膜，是单细胞生物，其个体形态大多为球状、杆状。③放线菌。是一种原核的单细胞生物，菌体为无隔膜的分枝丝状体，制种或栽培食用菌用的培养料经过发酵后，料面上常出现白色的、短线状的微生物即为放线菌。④真菌。是一类具有真正细胞核的微生物，多数类群为多细胞，具分枝的丝状营养体，其中有一类大型真菌的菌丝体常分化形成子实体，如食用菌和药用菌。制种工了解以上这些有益的和有害的微生物形态及结构，便于在生产实践中认识和掌握它们，为菌种生产服务。

（二）食用菌的基础知识

食用菌的基础知识包括：①食用菌在真菌中的分类地位。②食用菌的营养体和繁殖体的形态结构。③食用菌如何通过质配、核配、减数分裂 3 个环节完成生活史。④食用菌正常生长发育需要哪些营养和适宜的环境条件等。

（三）食用菌实验操作的无菌概念

食用菌在自然界常与其他微生物生活在一起，制种要求是在培养物中只存在一种菌的菌丝和孢子。这就必须通过分离、纯化的操作来达到纯化的目的。因此，对培养基、接种工具、接种室（箱）都要进行严格的灭菌，工作环境必须进行彻底的消毒，保存所需要的菌种，消灭一切杂菌。只有树立了严格的无菌概念，才能保证制种工作的顺利进行。

（四）食用菌生长发育对生态环境的要求

食用菌是异养生物，它必须依靠外来的营养以及适宜的环境条件才能进行正常的生活。根据获取食物的习性，其营养方式分为腐生、寄生和共生 3 大类。食用菌绝大多数是属于腐生菌。制种工通过了解腐生菌的营养要求，在配制木腐菌、草腐菌、粪草菌的培养基时，针对该菌的营养特点来选择培养基的主料和辅料，制订合理的配方，这样才能更好地满足它们的营养需求。食用菌的生长发育又与外界的温度、水分与湿度、光照、空气、酸碱度以及周围的微生物、动物、植物等都有密切的联系，了解并向各种食用菌提供最适宜的环境条件，使其更好更快地生长发育。这样，必然可以提高菌种的产量和质量。

(五)菌种厂的合理布局

菌种厂是生产食用菌菌种的场所，全厂应分为有菌区和无菌区两大范围。菌种的前期生产，即拌料、装瓶(袋)、灭菌等操作是在有菌区进行，后期的培养基冷却、接种、培养等操作是在无菌区进行，为了提高生产效率，保证无菌操作的质量，整个菌种生产应为流水线操作。建厂应根据菌种生产的特点来布局各生产车间的位置，而不应该因陋就简，插花式地零散安排厂房。如果未认识到这个特点，厂房一旦安排后，就难以变动，生产就会陷于混乱。

(六)制种设备的选用

食用菌制种设备的品种繁多，选择何种设备应根据菌种厂的规模和需要来确定。例如，培养基的灭菌设备，生产母种应选用手提式的灭菌锅，1 次可以生产 180 支试管培养基，这是基本的设备。如果生产的数量大，而且要求完成任务的时间紧迫，也可以用小型的高压灭菌锅，1 次可以灭菌 600 多支试管培养基。此外，生产原种和栽培种灭菌用的高压灭菌锅有方形的高压灭菌锅、卧式的中型和大型的高压灭菌锅。

(七)原辅材料的识别及质量要求

原辅材料的种类多，使用最广泛的原材料为木屑、棉籽壳和农作物秸秆(稻草、玉米芯等),辅料主要有麦麸、米糠和玉米粉等。对原辅材料质量总的要求是不含有毒物质、干燥、无霉变和害虫。另外,对不同的材料也有不同的要求,如木屑,制种用的木屑必须是阔叶树种的。如果使用松、杉等含有芳香族物质的木屑,必须经过处理才能使用,操作麻烦,一般不选用这些树种。培养香菇这类木腐菌的菌种,树种的要求除阔叶树外,首选是壳斗科的树种,如花栎树;制种用的木屑颗粒粗细搭配,以利于通气。可以用木材粉碎机一次成形。可以利用贮藏的陈木屑,但必须是干燥、无霉变、无害虫的。棉籽壳必须是新鲜的,结块的棉籽壳是霉变的,结块呈锈色的是聚集有螨虫的,这些不合格的棉籽壳即使价格便宜也不能购买和使用。对麦麸的要求除新鲜、无霉变外,还要求选用大片麦麸。原辅材料是食用菌的营养来源,关系到食用菌生长发育的速度和质量。

(八)杂菌和害虫的识别及防治

食用菌的菌种是纯菌丝体,一旦受杂菌和害虫危害后就成了废品而被淘汰。危害菌种的杂菌主要是木霉、青霉、曲霉、根霉、毛霉以及链孢霉菌,害虫主要是螨。制种工不仅要能识别这些杂菌和害虫,并且要学会分析菌种受杂菌和害虫危害的原因。自觉地认识到对它们的防治应该是“预防为主,防重于治”,在生产菌种的过程中,灭菌、冷却、接种、培养各个环节,认真把好质量关,即使是用塑料袋制种,在搬运过程中都应该轻拿轻放,防止塑料袋出现砂眼而引起杂菌污染。在无菌区的内外应经常保持清洁卫生,定期喷洒杀菌和杀虫药剂。

(九)合理使用消毒药品

菌种的分离、接种及扩大繁殖等过程必须严格遵守“无菌操作”规程,其中消毒药品起到了重要作用,即使是冷却室和培养室的管理也离不开消毒措施。消毒药品种类繁多,选择适合的消毒药品以及正确的使用方法,才能发挥这些药品的威力。欲合理使用消毒药品就应了解和掌握各种药品的性质、使用浓度和使用方法。例如,酒精(乙醇)是应用最广泛的消毒剂,在分离、接种操作时,常用于表面消毒。酒精的浓度有无水酒精和浓度为95%的酒精,还可以用水作为稀释剂,配成75%、70%等各种浓度。用于表面消毒,以浓度为70%～75%的杀菌力最强。浓度过高,会使菌体表面蛋白很快凝固形成一层膜,反而有碍于酒精进入细胞,达不到杀菌的目的。又如,苯酚(石炭酸)使用浓度为5%的水溶液,用于喷洒墙壁、地面、接种室(箱)等,但是苯酚与酒精同时使用,则药效大减。因此,只有掌握了消毒药品的性状、杀菌机制及用途,才能合理使用它。

三、制种工应掌握的基本技能

食用菌制种工应掌握的基本技能包括:

(一)制种设备的应用与维修

一般菌种厂所具备的制种设备有木材粉碎机、拌料机、装袋机、灭菌锅(灶)、接种室(箱)、加温和降温设施、喷雾器、运输手推车等。制种工对与自己的工种相关的设备,根据产品说明书首先了解设备的结构与功能,学会熟练地操作应用以及简单的维修技术。例如,装袋机,配有1.5千瓦电动机和口径不同的出料筒,用于装12～24厘米折幅的塑料袋,每台的生产能力为800～1 000袋/时。装袋机容易出故障的部件是各部位的螺栓、传送带、电线以及出料筒(套筒)内的搅料螺旋,只要备有简单的工具,即可进行维修。但是高压灭菌锅必须请专业技术人员来维修,非专业人员不得擅自拆、装,以免灭菌时发生危险。

(二)选择培养基配方及配制方法

制种工应掌握不同品种的食用菌对营养要求的特点,选用各自适宜的培养基配方及相应的配制方法。例如,在配制原种和栽培种时,例如木腐菌香菇需要的碳、氮营养应考虑选用阔叶树的木屑和麦麸或米糠;粪草菌的双孢菇则应选用稻草和禽畜粪。木屑培养基的配制方法是将原辅材料的干料与石膏一起放在搅拌机箱中搅拌均匀,然后将糖和无机盐类的物质溶于水中,与所需要的水量一起倒入搅拌机箱中继续搅拌均匀,测定和调节 pH 值后即可。粪草培养基则需要进行发酵处理,或将稻草在猪、牛尿中进行浸泡处理。母种培养基有基础配方,可供培养各种食用菌,同时,根据各品种菌丝生长的需要,也有在基础配方中添加其他物质而组成新的配方,配制时也有加料的先后程序。

(三)培养基酸碱度的测试及调节技术

培养基配制后应测试酸碱度(pH 值),食用菌中猴头菌喜欢酸性,要求 pH 值为 4,草菇喜欢碱性环境,要求 pH 值 7.5～8,但是大多数食用菌要求偏酸性条件,即 pH 值 5～6。菌种厂常用 pH 试纸来测定培养基的酸碱度。调节酸碱度的方法:母种的培养基配制时,如果培养基过酸,就加适量的石灰水或氢氧化钠来调节;如果培养基过碱就加乳酸来酸化。加调节剂时应用低浓度溶液逐步进行,否则难以逆转。配制原种和栽培种时,经常出现的是培养基偏酸现象,因此配料室常备石灰来调节。

(四)容器的选择及质量要求标准

制种的容器主要是玻璃试管、菌种瓶和塑料袋。试管的型号多样,制备食用菌母种的试管常用 18 毫米×180 毫米的玻璃试管。质量差的试管在灭菌或使用时常出现管口破裂成环状脱落,或者管底成段脱落。菌种瓶常用750毫升、小口径、无色玻璃瓶，要求玻璃无杂质、透明度好，耐高温。塑料袋应选用聚丙烯和低压聚乙烯筒料，要求薄膜厚薄均匀，无砂眼，耐用。如果是折角袋则要求底边封口好，无砂眼。制种工应熟悉不同的菌种选用容器的类型，检查容器的质量，以免制种时造成损失。

(五)装瓶(袋)的技术

配制原种多用菌种瓶作容器，栽培种多用塑料袋装料。装瓶的方法有装瓶机，也有手工装瓶。菌种厂一般多用手工装瓶，要求装在瓶内的培养料上紧下松、松紧适度，紧贴瓶壁，料面平整，瓶口及瓶外壁清洗干净。塑料折角袋也用手工装袋，要求与装瓶相同。但是长塑料袋是用装袋机，要求装料均匀，松紧适度。关键技术是在装料时左手托袋的用力度，用力大则料进得慢装料紧，接种后菌丝生长速度慢；用力小则料进得快装料松，料袋松散不成形；用力不均匀则装料也不均匀，料袋形成粗细不匀的扭曲袋。用装袋机操作只要技术熟练就能保证质量。装瓶(袋)的技术既要保证装料的质量，又要求装料的速度，这样才能更好更快地完成装瓶(袋)的任务。

(六)培养基的灭菌技术

培养基常用高压蒸汽灭菌和常压蒸汽灭菌2种方法。要掌握灭菌技术：①要了解高压灭菌锅或常压灭菌锅(灶)的结构及性能。②熟悉灭菌的操作步骤和技术，包括锅内料瓶(袋)的码放方式、上水标准、加温方法、如何排出锅内的冷空气、不同等级的菌种对压力和维持时间的要求等。更重要的是要熟悉高压灭菌锅上安装的压力表、温度表、安全阀、排气阀的读数和安全使用方法。

(七)接种室(箱)的装修及灭菌技术

接种室(箱)是无菌操作的主要场所,其安装除了美观更重要的是便于清洁和灭菌,营造一个无菌的环境。安装接种室应考虑室面积的大小,室顶高度、四壁和地面的用材、门窗的方向、灯光的安装、缓冲间的设置等。接种箱应考虑箱的形状、大小、高低,箱的密封性、采光性、摆放料瓶(袋)的数量以及通气孔的位置等。接种室(箱)的灭菌主要采用化学杀菌剂的熏蒸或喷雾,结合紫外线灯的照射。应掌握化学灭菌法常用的药剂种类、使用浓度及使用方法。

(八)常用的消毒措施及溶液的配制技术

常用的消毒方法是用化学药剂消毒。消毒药剂的种类很多,甲醛、过氧乙酸多用于熏蒸,也可用于喷雾;苯酚、漂白粉多用于喷雾;酒精、高锰酸钾、新洁尔灭、来苏儿多用于浸泡、擦拭、洗手等表面消毒。消毒选用哪种药剂,使用何种浓度,应根据药品的性质和消毒的对象而定。药剂溶液的稀释方法采用最简单的十字交叉法。

(九)菌种分离、纯化及扩大繁殖技术

菌种分离要熟悉孢子分离、组织分离和基内菌丝分离 3 种分离方法。包括分离所需要的用品的准备、种菇(耳)的选择标准和分离步骤。食用菌不同的品种各应选择不同的分离方法。菌种纯化是在分离获得的菌落边缘,挑取先端菌丝移接到试管培养基斜面上,经过适温培养后,再移植 2～3 次,达到纯化的目的。扩大繁殖包括用原始的纯菌种进行母种、原种和栽培种这三级菌种的接种与培养。制种工应掌握各级菌种在扩大繁殖时所需要的培养基准备、接种工具和接种的步骤。在操作各项技术时首先要懂得什

么是“无菌概念”，“无菌操作”包括哪些内容。只有按照“无菌操作”规程进行工作，才能取得各项技术的成功。

（十）菌种培养技术（含培养室的消毒措施）

菌种进入培养室之前，应对培养室和培养架进行清洁，然后选用化学药剂如甲醛、硫黄或气雾消毒剂进行熏蒸消毒，待药剂的气味消失后，运菌种入室。菌种在培养期间应根据食用菌的品种类型确定培养室的温度，调节适宜的相对湿度、光照及通风情况。定期观察菌丝生长情况，检查被杂菌污染的菌种，及时在室外进行淘汰处理。这些都属于菌种培养技术。

（十一）主要杂菌和螨的防治措施

对杂菌和螨的防治措施应该贯彻“预防为主，防重于治”的方针。首先要了解杂菌和螨通过何种途径来危害菌种，防治措施必须在“途径”上下工夫。这些途径应在原辅材料的质量、容器（如塑料袋）的质量，灭菌是否彻底，冷却室、接种室（箱）、培养室的消毒措施，接种的无菌操作技术，室外的清洁卫生等多方面进行严格的层层把关。这种把关的责任感是菌种厂的生命，关系到菌种厂的效益和成败。如果出现杂菌和螨，应严格用药剂封锁。

（十二）杂菌污染的原因分析及检验技术

菌种被杂菌污染的原因除从途径上去进行分析外，在扩大繁殖时接种用的菌种带有杂菌和害虫，以及棉塞受潮也会引起杂菌污染。检验的方法根据菌种受污染的原因分析，选择对照培养、空白培养或平板检验的方法。对菌体较大的杂菌（如毛霉和根霉）以及螨可用肉眼观察或放大镜检验。

(十三)食用菌菌种的识别及鉴定技术

食用菌母种的识别及鉴定的目的是了解所需要的菌种是否正确或纯净,避免张冠李戴。可用肉眼、扩大镜或显微镜进行识别和鉴别。各个品种都具有不同的特点。以试管菌种为材料进行菌丝特征、生长情况以及是否分泌色素等多方面的观察;原种和栽培种识别鉴定的目的是观察该菌种是否感染了杂菌,是否为优良菌种。从菌丝生长形态、菌种的色泽以及有无异常现象来确定选优去劣。

(十四)食用菌菌种的几种保藏方法

一般而言,采用琼脂斜面低温保藏法最简便,只需要有冰箱而不需要特殊设备。适于保藏各类菌种。其方法是将长满菌丝的试管,用硫酸纸包扎试管口后,放入4℃~6℃的冰箱中保存。每隔6个月移植转管1次,避免培养基失水而干缩。自然基质保藏法是以富含营养的天然物质如木屑、麦粒、木片等配成培养基,培养成菌种后,在4℃冰箱里保藏。其中麦粒要用水浸泡处理,木片要事先用米糠水浸泡处理后还须与木屑培养基以3∶1混合装管。液状石蜡保藏法要掌握液状石蜡的处理、液状石蜡的灌注以及保藏期间如何补充无菌石蜡。菌丝球保藏法要掌握用液体培养基培养菌丝球的振荡培养技术。滤纸保藏法要掌握收集孢子的方法和保藏试管的制备技术。液氮超低温保藏法要掌握制作安瓿管的方法、选用保护剂、平板培养菌丝、菌丝块装入安瓿管的方法、封管后的冻结、保藏、恢复培养技术。

(十五)简易制片技术

用显微镜观察微生物,必须将被观察的对象制成玻片,才能通过物镜和目镜观察其特征。简易制片技术要熟悉观察材料的选取,常用的浮载剂以及制片的操作步骤,经显微镜观察后对玻片的清洗保存备用。观察食用菌菌丝的特征、孢子的形状以及杂菌的形态都可采用简易制片进行显微镜观察。

（十六）光学显微镜的使用及保管技术

使用光学显微镜首先应了解光学显微镜的结构。其结构分为机械部分和光学部分，各部分又包括若干部件，每个部件在整个结构中起着一定的作用。使用光学显微镜有严格的操作步骤，必须按要求一步步地操作。显微镜属于精密仪器，任何粗放的动作都会损坏部件的性能。镜检完毕按操作规程进行整理，然后装入显微镜箱内，存放在阴凉干燥的地方。不用的镜头用柔软清洁的纸包好，置于干燥器内保存。避免与挥发性药品或腐蚀性酸类放在一起。

第二章　食用菌制种的基本知识

一、食用菌的分类地位

(一)微生物的主要类群

在生物界里,有2大类生物:一类是形态及结构复杂、个体较大,一般用肉眼即可观察到的动物及植物;另一类是形态及结构较为简单、个体极小,必须借助显微镜才能观察到的微小生物,称之为微生物。

微生物包括病毒、衣原体、支原体、立克次体、细菌、放线菌、真菌等。

目前已知与食用菌菌种制作有关的微生物有病毒、细菌、放线菌以及真菌中的酵母菌和霉菌。

1. 病毒　病毒是一种非细胞形态的生物。其主要特点是个体极小,必须借助于电子显微镜才能看到;营专性寄生,它不能独立进行代谢活动,只能在特定的活的寄主细胞中繁殖,一旦脱离了寄主细胞便不能进行任何形式的代谢;它没有细胞结构,繁殖方式简单。在食用菌制种和栽培中,如果菌丝及子实体受病毒危害,它们常呈黄色萎蔫状,造成生产严重减产。

2. 细菌　属于原核微生物,具有细胞结构,其细胞由细胞壁、细胞膜、细胞质及原核4部分组成。细菌为单细胞生物,其个体形态大多为球状、杆状,少数为丝状、弧状及螺旋状。在食用菌菌种生产中,污染菌种的细菌常是枯草杆菌、蜡状芽孢杆菌,危害食用菌子实体的细菌常为荧光假单胞菌、托氏假单胞菌等。食用菌的菌丝体或子实体受细菌侵染后，表面常出现光滑的、有些有颜色的菌落。菌丝体或子实体常呈湿润状，并散发出一股臭味。给生产造成严重损失，是一类有害的微生物。

3. 放线菌　属于原核微生物，单细胞。菌体为无隔膜的分枝丝状体。放线菌主要营腐生生活。在食用菌生产中有的放线菌为有益菌，有的为有害菌。它是培养料堆制发酵过程中的主要微生物类群之一。培养料经过发酵后，料面上常出现白色的、短线状的微生物即为嗜热放线菌、高温放线菌等，它们能分解纤维素、半纤维素、木质素、蛋白质等复杂物质，其分解产物包括氨基酸、维生素、多糖、菌体蛋白等，有利于食用菌菌丝体的吸收利用。因此，在培养料堆制发酵时，有这种放线菌的大量出现，培养料就呈黄褐色，手握培养料不沾手，有松泡感，并有一股料香味，有这些现象的出现就标志着这批培养料已发酵成熟。故上述的放线菌在食用菌生产中是一种有益的微生物。但是，也有少数放线菌，如白色链霉菌会污染食用菌的菌种，不利于食用菌生产，这类放线菌是有害的微生物。

4. 真菌　真菌是具有真正细胞核、能产生孢子、无叶绿素以吸收为营养方式的异养型有机体，它们一般进行有性和无性繁殖，并具有分枝的丝状营养体，其细胞壁含有几丁质或纤维素或者两者皆具有的有机体。真菌仅少数类群为单细胞，多数类群为多细胞。此处仅简介与食用菌生产有关系的有益真菌和有害真菌。

(1)*有益真菌*　真菌中有一类大型真菌，它能形成大型子实体，子实体通常为胶质或肉质，如香菇、平菇、草菇、黑木耳、双孢蘑菇、银耳、金针菇等，可直接供人们食用，此类大型真菌称为食用菌。另有一类大型真菌在医药上作为药材，如灵芝、茯苓、猪苓、雷丸、猴头菌、虫草、云芝等，这些称为药用菌。

(2)*有害真菌*　有一类真菌危害农作物、林木及畜牧等，是使其生病的主要病原菌，引起农牧业减产或产品质量受到影响。有些大型真菌如毒伞、白毒伞、豹斑毒伞等，不同的品种含有不同的有毒物质，误食后引起中毒，轻者头痛、呕吐、腹泻等，重者会致死。这些有毒的蘑菇称之为毒蘑菇。在山区、丘陵或平原地区，春、秋季节野生蘑菇大量发生，人们在采食野蘑菇时，常有误食毒蘑菇而导致中毒和死亡的事例发生。在食用菌菌种生产和栽培管理中，常出现各种不同颜色的霉菌，如青绿色的青霉菌、绿色的木霉菌、黄绿色的曲霉菌、橘红色的链孢霉菌等，这些霉菌不仅污染了菌种，而且也危害了子实体，造成食用菌制种的失败或食用菌生产的减产，乃至影响菇(耳)类的商品质量。这些霉菌也是有害真菌类群。它们的形态呈丝状。

(3)酵母菌　它是靠出芽繁殖的单细胞真菌。菌体多呈圆形或椭圆形，有的连接成链状形成假菌丝。一般以出芽方式繁殖，有的种类也可产生有性孢子。大部分酵母菌是食品、化工、医药工业的重要生物资源，但是也有的酵母菌污染菌种或侵染银耳、木耳等胶质菌的子实体，降低了制种的成功率、引起银耳和木耳子实体腐烂。

(二)食用菌的分类地位

真菌门分为五个亚门，即鞭毛菌亚门、接合菌亚门、子囊菌亚门、担子菌亚门和半知菌亚门。

食用菌在分类上，绝大多数属于担子菌亚门，有一部分属于子囊菌亚门。食用菌生产中的杂菌多属于半知菌亚门。

我国食用菌种类资源丰富，卯晓岚在“中国食用菌物种资源”一文中介绍：“食用菌系指无毒可用的一类大型真菌。据专家们估计，自然界有食用菌 2 000 余种，最多可达 5 000 种。我国是世界上真菌物种资源最丰富的国家之一，食用菌多达 1 500～2 000 种，其中包括部分药用真菌。目前已有记载的食用菌有 980 余种，药用真菌约 500 种，食用、药用真菌居世界首位。其中已经人工驯化栽培和利用菌丝体发酵培养的达100余种。更具体地讲栽培生产的有60多种,已形成商业生产的30余种”。

食用菌分类检索表

1. 子实体盘状、马鞍状或羊肚状;孢子生于子囊之内……
……子囊菌亚门(Ascomycotina)

1. 子实体与上项不同;孢子生于担子上……………………
……担子菌亚门(Basidiomycotina)

2. 子实体胶质、脑状、耳状、瓣片状,无柄,黏或潮湿时黏,担子具分隔或分叉……………………………………………………3

2. 子实体肉质、韧肉质、革质、脆骨质或膜质,有柄或无柄,黏或不黏,担子不分隔…………………………………………………5

3. 担子无分隔,但有分叉;子实体匙状,不孕面无分生孢子
………花耳目(Dacryomycetales)

3. 担子具纵或横分隔…………………………………………4

4. 担子具纵分隔,每一分隔上有一小梗;孢子生于小梗的末端;子实体常为脑状…………………银耳目(Tremellales)

4. 担子具横分隔,长圆柱形,小梗侧生;子实体常为耳状、贝壳状………………………………木耳目(Auriculariales)

5. 子实体革质、脆骨质或幼嫩时肉质,老或干时革质或硬而脆;子实层体平滑,齿状、刺状或孔状……………………
……………………………非褶菌目(Aphyllophorales)

5. 子实体肉质,易腐烂;子实层体与上项不同,或若为孔状时,其子实体一定是肉质…………………………………6

6. 子实体典型的为伞状;子实层体通常为褶状,罕为孔状
……………………………………………伞菌目(Agaricales)

6. 子实体闭合,子实层不明显,或于孢子成熟时才开始外露,或始终闭合…………………腹菌纲(Gasteromycetes)

(引自毕志树、郑国扬中国食用菌栽培学)

二、食用菌的形态结构

食用菌的种类繁多，形态各异。本书谈及的食用菌形态结构都以隶属于担子菌亚门的食用菌为对象。然而在可食的担子菌中，伞菌占大多数。这里仅以伞菌为代表。它的基本形态结构包括菌丝体和子实体 2 大部分。

（一）菌 丝 体

菌丝体是由菌丝交织而成的菌丝群。食用菌的菌丝体在完成生活史以前，经过 3 个明显的发育阶段，即初生菌丝（单核菌丝）、次生菌丝（双核菌丝）和三生菌丝（组织化的双核菌丝）。

1. 初生菌丝 刚从孢子萌发形成的菌丝称为初生菌丝，这种菌丝纤细，生长速度较慢，初期为无隔多核，以后产生隔膜，使每个细胞都含有 1 个细胞核，成为单核有隔菌丝。因此，初生菌丝也称为单核菌丝。绝大多数食用菌的单核菌丝是不能产生子实体的。但是也有例外，如黑木耳的单核菌丝体，自身有较强的形成胶质化原基的能力，与可孕的双核菌丝相比，它有很大的差别，单核菌丝体形成原基所需时间长，几乎是双核菌丝体的 1 倍。形成的胶质化原基常长成团状，不容易开片，仅极少能开出小耳片。又如金针菇的单核菌丝能分化为子实体，但是单核菌丝生长速度慢、出菇晚、每瓶出菇数及单产显著不如双核菌丝。另外，单核菌丝抗逆性差，易感染杂菌，出菇不整齐。从以上事例说明黑木耳和金针菇的单核菌丝虽然能结子实体，但在生产上都无应用价值。这些单核体结实的机制有待进一步研究。在食用菌类群中双孢蘑菇是例外，它的担孢子就含有 2 个核，孢子萌发的菌丝就是双核菌丝。

2. 次生菌丝 两条可亲和的初生菌丝的单核细胞进行质配后使每个细胞有 2 个异核，此 2 核不进行核配，而常常进行直接分裂，延续形成双核菌丝，称为次生菌丝。这种双核菌丝才能产生子实体。双核菌丝体（即次生菌丝体）与单核菌丝体相比，它在基质上生长速度快、粗壮强健，分枝繁茂。我们制作食用菌生产用的菌种，多系双核菌丝。

锁状联合：许多隶属于担子菌的食用菌在双核菌丝上还形成锁状联合的结构，它发生在双核菌丝的分隔处。锁状联合是有效地保证双核并裂产生的姐妹细胞核能分配到两个不同的细胞中。锁状联合也不是在所有食用菌的双核菌丝上都能产生，如双孢蘑菇的双核菌丝上未发现锁状联合。不同的食用菌，锁状联合的形状不完全相同。有的是圆丘形，有的像骨节抱握状。它们的大小不一，相距的远近也不一。在有锁状联合的食用菌中，菌丝上有无锁状联合的形成，是单核菌丝或双核菌丝鉴定的标志。锁状联合的其他形状是判断和鉴别不同菌种的方法之一（图 2-1）。

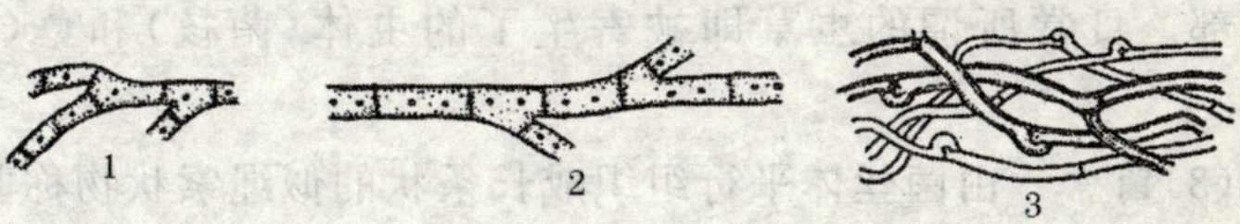

图 2-1　菌丝形态

1. 单核菌丝　2. 双核菌丝　3. 菌丝具锁状联合

3. 三生菌丝　是由次生菌丝（双核菌丝）进一步发育而成。又称结实性双核菌丝。这是一种组织化了的双核菌丝。如子实体中的菌丝体。菌丝体能组成 2 种组织，一种是组成比较疏松的组织，菌丝体并列在一起，还能看出典型菌丝体的长形细胞，这种组织称为疏丝组织。另一种是比较紧密的组织，组织中的细胞不是长形而是椭圆形，或接近圆形或多角形，称为拟薄壁组织。这两种菌丝常相互交织成一定的组织体，常见的组织体有菌核、子座和菌索。

(1)菌核　菌核是由拟薄壁组织和疏丝组织形成的一种坚硬

的休眠体。形状大小不一,有如菜籽状、鼠粪状、角状和拳头状。药用菌的茯苓、猪苓、雷丸、麦角等均是菌核。菌核颜色初期常为白色或浅色,成熟以后呈褐色或黑色。菌核既是营养贮藏器官,又是度过不良环境的休眠体。在条件适合时,菌核萌发产生子实体、菌丝和分生孢子等。

(2)子座　子座是拟薄壁组织和疏丝组织形成的,或由菌丝体与部分寄主组织结合形成的一种垫状营养结构。子座有各种形状,它一般紧密地附于基物上。它既产生繁殖体又有度过不良环境的作用。例如,中药材冬虫夏草寄生在虫体内的菌丝发展为菌核,以后从菌核中长出棒状的分为柄部和头部的子座,在子座头部周围生有许多子囊壳。冬虫夏草是虫菌结合成一体,即蝙蝠蛾科的幼虫被虫草属的真菌寄生后,昆虫体内虫草属真菌的菌丝先形成菌核,然后从菌核上产生直立有柄的子座,子座棍棒形,具可育的头部。日常所谓的虫草即被寄生了的虫体(菌核)和草(即子座)。

(3)菌索　由菌丝体平行组织成长条状的似绳索状物称菌索。它由拟薄壁组织组成深色的皮层和疏丝组织组成的髓部,顶端为生长点。菌索粗细不一,色泽各异,长短各不相同,它具有迅速运送物质和蔓延的功能,在不适宜的条件下呈休眠状态,在条件适宜时又可以从生长点恢复生长及从菌索上生出繁殖体。例如,蜜环菌的菌索以及双孢菇的菌丝生长到一定的时候在菌床的料面上菌丝体组织成菌索,分布在培养料上,不久菌索扭结成菇蕾。

(二)子实体

伞菌子实体通常分菌盖、子实层体、菌柄、菌环、菌托等几部分(图 2-2),现简介如下:

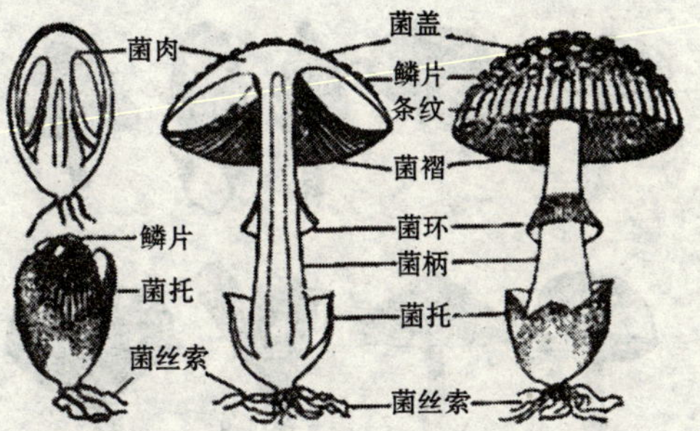

图 2-2　伞菌子实体形态结构示意　（引自 应建浙等）

1. 菌盖　菌盖是伞菌最明显的部分，像一把伞顶。形状多种多样，一般常见的有钟罩形、斗笠形、半球形、平展形、贝壳形、漏斗形等（图 2-3）。菌盖的颜色十分繁多，虽然有白、黄、灰、褐、红、绿、紫等，但是各类颜色中又有深、浅、淡、浓的差异。更常见的是混合色泽。幼小时和老熟时颜色可以不同，中央与边缘的颜色更有明显差异。表面有干燥的、湿润的、黏的、光滑的或粗糙的。有的具各种附属物如纤毛、环纹、缘纹、条纹及各种鳞片，这些附属物的形状、大小、色泽又有种种变化。菌盖边缘的形状幼小时与成熟后可以完全不同，成熟后一般可分为内卷、反卷、上翘、延伸等，周边有全缘而整齐的，也有呈波浪状而不整齐或撕裂的（图 2-4）。

（1）*皮层*　菌盖表面有皮层或为细胞状、栅状的角质层。在上皮层或角质层菌丝里含有不同的色素，使菌盖呈现不同的颜色。

（2）*菌肉*　皮层下面是菌肉，一般由长形的丝状菌丝组成，有的则由膨大的泡状菌丝组成。菌肉一般为白色或污白色，也有黄色或红色的；菌肉受伤后颜色也会有变化。有的伤后流乳汁或水液。

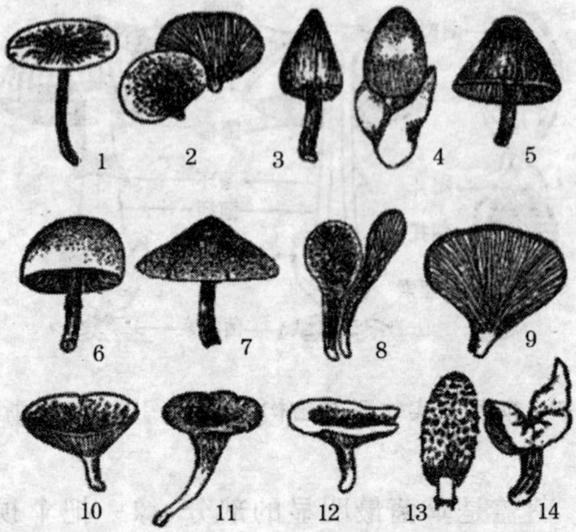

图 2-3 菌盖形状 (引自 应建浙等)

1. 圆形 2. 半圆形 3. 圆锥形 4. 卵圆形 5. 钟形
6. 半球形 7. 斗笠形 8. 匙形 9. 扇形 10. 漏斗形
11. 喇叭形 12. 浅漏斗形 13. 圆筒形 14. 马鞍形

2. 子实层体 子实层体包括子实层及其菌髓。长在菌肉下面的子实层部分,多数是褶片状,叫菌褶;少数是管状,叫菌管。菌褶呈放射状排列,向中央连接菌柄的顶部,向外到达菌盖的边缘。

(1)*菌褶* 菌褶是由子实层、子实层基及菌髓组成。菌褶是伞菌产生担孢子的地方,它的颜色一般与孢子的颜色相同。幼嫩时一般是白色,老熟后变成各种不同的颜色。菌褶的形状有宽、窄、三角形的,有等长、不等长、分叉的。菌褶与菌褶间,有的有横脉相连,有的在靠近菌柄的一端互相交织成网状等。菌褶的内部组织称为菌髓,它的组成也与菌肉一样。菌褶的边缘通常完整平滑,有的呈波浪状或锯齿状的,也有边缘粗糙有颗粒状物的。菌褶与菌柄连接的方式不同的种类也有所不同。有的是离生,有的是弯生,有的是直生,也有的是衍生(图 2-5)。

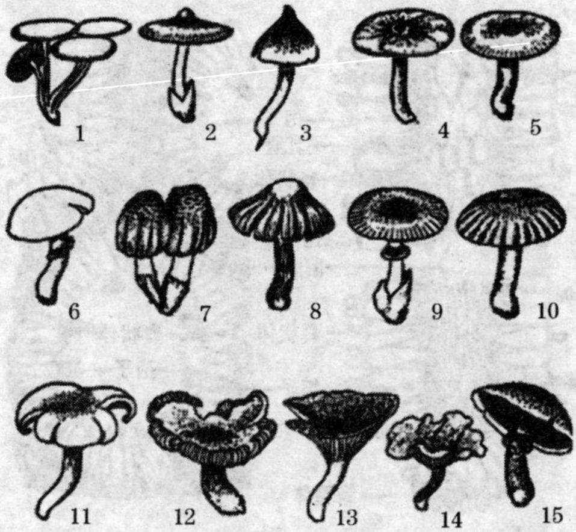

图 2-4　菌盖中部及边缘特征　(引自 应建浙等)

1～5 菌盖中部特征：1. 平顶　2. 凸起　3. 突尖　4. 脐状　5. 下凹

6～15 菌盖边缘特征：6. 边缘平滑无条纹　7. 边缘瓣状　8. 边缘撕裂　9. 边缘具条纹　10. 边缘具粗条棱　11. 边缘内卷　12. 边缘反卷　13. 边缘翻起　14. 边缘波状　15. 菌盖边缘表皮延伸

(2)菌管　菌管是管状的子实层体。子实层覆盖于菌管内壁。菌管在菌盖腹面多呈放射状排列。菌管与菌管间有的易分离,有的不易分离。管口的颜色往往和菌管里面的颜色不一致。管口直径大的往往达到几毫米,小的不到 1 毫米。管口呈圆形或多角形等,有单孔和复孔之分(图 2-5)。

(3)子实层　在伞菌目中子实层是着生担孢子的栅栏组织。由平行排列的担子及不孕细胞(如囊状体、侧丝等)组成。是产生担孢子的地方。菌褶的两侧和菌管的里面布满子实层。子实层有担子、囊状体等。

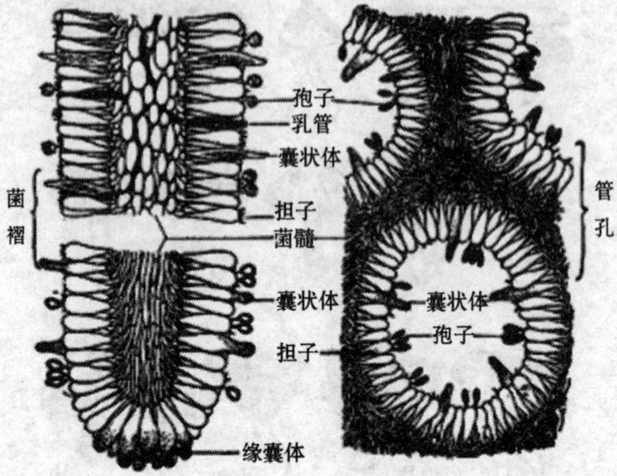

图 2-5　菌褶、菌管解剖示意　（引自 应建浙等）

①担子:有分隔和不分隔的。不分隔的担子通常棍棒状,上生 4 个小梗,其上各着生 1 个担孢子,如香菇、平菇等。有的品种担子上只生 2 个小梗,产生 2 个担孢子,如双孢菇。木耳类的担子横分成 4 节,斜伸出 4 个小梗,生有 4 个担孢子。银耳类的担子具纵隔,将担子纵分成"田"字形的 4 个部分,顶生 4 个担孢子。子实体成熟时,担孢子能强力弹射出去(图 2-6)。

②担孢子:担孢子是担子菌的有性孢子,为单胞,形状有圆形、卵形、椭圆形、圆筒形、多角形或星形等。具有一层或二层膜,膜光滑或粗糙,有小疣、小刺、网状、棱纹等。担孢子一般为单核,萌发后产生单核菌丝。如香菇、平菇、金针菇等,是在 1 个担子上产生 4 个担孢子的食用菌,在这 4 个担孢子中有 2 个是"＋"的,有 2 个是"－"的,即它们的性别是不同的,有 2 个雌性、2 个雄性担孢子。"＋"的担孢子萌发的单核菌丝属"＋"性,"－"的担孢子萌发的单核菌丝属"－"性。各自的单核菌丝一般是不能形成子实体的,即

单个的担孢子萌发的菌丝是不能生长发育形成子实体，必须不同性别的可亲和的单核菌丝，即有亲和力的“＋”、“－”两条菌丝配合，产生的双核菌丝，可以生长发育形成子实体。由此可知，在生产中，不能用单个担孢子萌发的菌丝来制菌种。但是，有的品种如黑木耳和金针菇，它们的单个担孢子萌发的单核菌丝可以形成子实体。

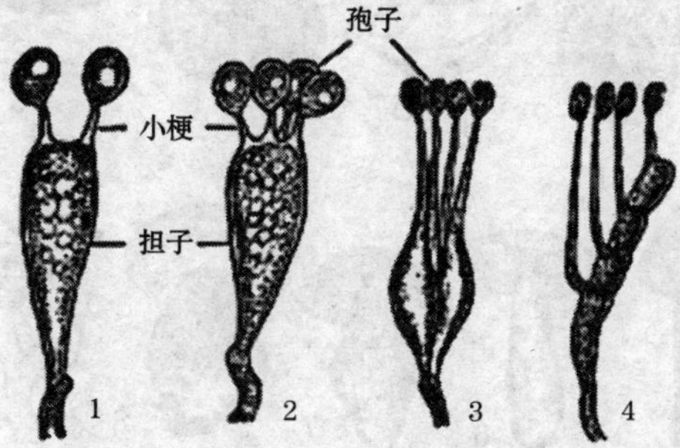

图 2-6　担子　（引自 应建浙等）

1、2. 担子（无隔）　3. 具纵隔　4. 具横隔

③孢子印的制作程序：是选择成熟的、完整的、新鲜的、洁净的伞菌子实体，齐菌盖处切去菌柄，将菌盖扣放在洁净的纸上，此纸的颜色可根据孢子印的颜色选用白色纸或黑色纸。在菌盖上盖上透光的覆盖物如钟罩，让菌盖在静止的空气下释放孢子，数小时后，移去菌盖，大量的担孢子沉积在纸片上而形成孢子印。孢子印是伞菌分类鉴定的重要依据，在食用菌菌种制作中，通过孢子印可以获得单个担孢子。

④囊状体：有些种类的伞菌在担子之间长有囊状体。根据它着生的位置不同，具有不同的名称，着生在菌褶两侧面上的称为侧囊体；着生在菌褶边缘的称为缘囊体。也有些种类的伞菌不具有囊状体。不同种之间囊状体的形状和大小差异较大，一般形如棒

状、长颈瓶状、菱形、纺锤形或梨形等。无色或偶尔有色。囊状体一般单生，比担子长，超出子实层外，通常比担子粗，但也有比担子细的。口蘑属的一般很少有囊状体。而红菇属的一般都有囊状体。所以囊状体在分类上也是重要的依依据之一。

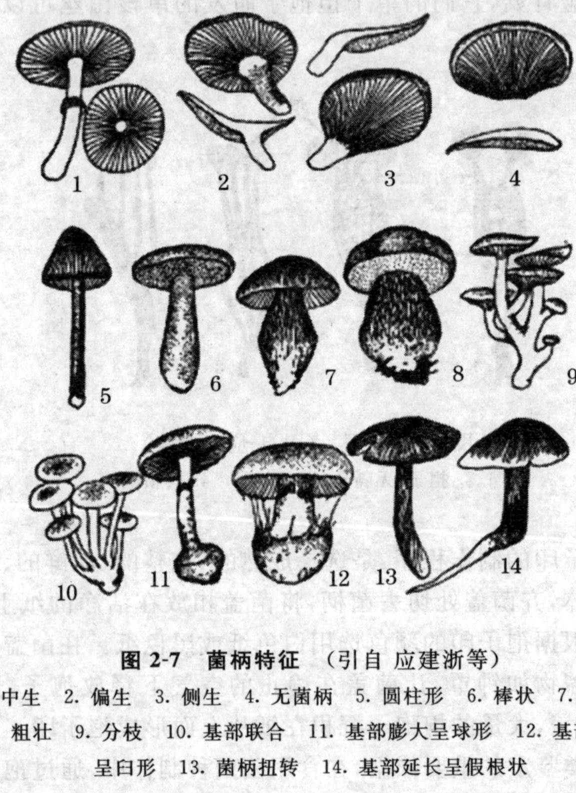

图 2-7 菌柄特征 （引自 应建浙等）

1. 中生 2. 偏生 3. 侧生 4. 无菌柄 5. 圆柱形 6. 棒状 7. 纺锤形 8. 粗壮 9. 分枝 10. 基部联合 11. 基部膨大呈球形 12. 基部膨大呈臼形 13. 菌柄扭转 14. 基部延长呈假根状

3. 菌柄 着生在菌盖下面，是子实体的支持部分，也是输送营养和水分的组织。一般生于菌盖下的中央部位，有的偏生或侧生。质地有肉质、蜡质、纤维质或脆骨质等。菌柄的质地一般与菌肉的质地相同。但是也有少数食用菌，如金针菇的菌柄，下部为革质，与菌盖质地相异。菌柄有的与菌盖不易分离，有的极易分离。颜色有多种多样，形状也各不相同，有圆柱形、棒状、纺锤状、杆状或有分枝等。长度从1厘米至50厘米，粗度从1毫米至12厘米不等。菌柄基部有的膨大呈球形，有的齐头、圆头、尖头或呈根状等。菌柄表面有纵纹、沟纹、网纹、陷窝或腺点等，有的光滑而无任何附属物，有的有多种多样的附属物，如鳞片、茸毛、颗粒或纤毛等。菌柄内部有的为实心，有的空心，有的内部松软，有的种类随着子实体的成长，菌柄早期为实心，后期变为空心(图2-7)。

4. 菌环　在子实体幼小时，在菌褶表面有一层膜质组织，叫内菌幕，随着子实体不断生长的过程中，内菌幕与菌盖脱离，遗留在菌柄上形成菌环。食用菌中有的种类有菌环如双孢菇、蜜环菌、鸡腿菇等，有的种类无菌环。菌环一般生在菌柄的上部、中部或下部。有多种形状，单层或双层。有的种类如鸡腿菇(毛头鬼伞)的菌环早期存在，后期消失；某些种类的菌环容易破碎而悬挂在菌盖边缘。丝膜菌属的菌环呈蛛网状，有的种类的菌环后期与菌柄分离，能上下移动(图2-8)。

5. 菌托　在子实体形成初期，整个子实体被一层外菌幕的膜包住，随着子实体的不断生长，这层外菌幕的膜破裂，留在菌柄的基部，这种遗留的膜，称为菌托。有的食用菌品种有菌托如草菇，有的种类无菌托。菌托的形状多样，有苞状、鞘状、杯状、鳞茎状、杵状，有的由数圈颗粒组成(图2-9)。

图 2-8　菌环特征　（引自 应建浙等）

1. 单层　2. 双层　3、4. 可沿菌柄移动　5. 膜质絮状

6. 丝膜状(蛛网状)　7、8. 破裂后附着菌盖边缘　9. 呈齿轮状

10. 生菌柄上部　11. 生菌柄中部　12. 生菌柄下部

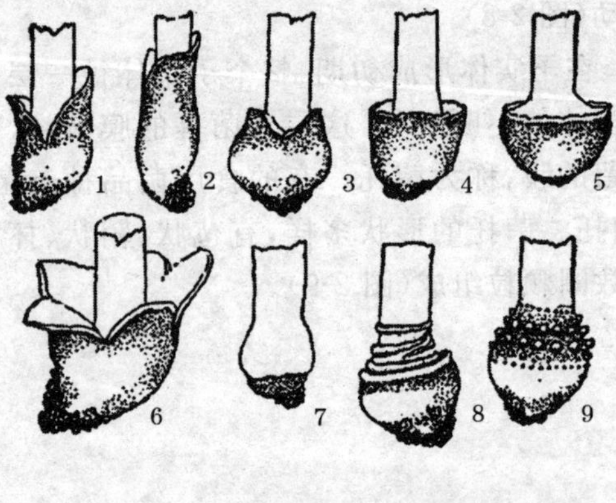

图 2-9　菌托特征　（引自 应建浙等）

1. 苞状　2. 鞘状　3. 鳞茎状　4. 杯状　5. 杵状

6. 瓣裂　7. 菌托退化　8. 带状　9. 数圈颗粒状

三、食用菌的繁殖方式及生活史

(一)繁殖方式

1. 营养生长阶段　在食用菌的整个生长过程中，首先进行营养生长。担孢子吸收水分和养分，孢子就膨胀长出芽管。一般1个孢子可以萌发出1个或多个芽管，芽管以其顶端生长形成菌丝。大多数食用菌孢子萌发的温度为16℃～24℃，pH值为4.5～6.5。孢子萌发生成的菌丝为单核菌丝，两个不同性的可亲和的单核菌丝经过融合，即质配后就成为含有不同性细胞核的双核菌丝。菌种是经过配对后的种性稳定的双核菌丝的纯菌丝。在食用菌栽培过程中，当菌种接种到培养料上后，就进行营养生长，以接种点为中心，菌丝呈辐射状向四周蔓延，并向基质内部深入，从基质中吸收养分和水分。当菌丝达到一定的生理成熟，并在适宜的环境条件下，菌丝开始扭结，进入生殖生长阶段。

2. 生殖生长阶段　在基质内生长的菌丝，经过营养生长阶段，细胞内积贮了足够的营养物质，在适宜的环境条件刺激下，开始扭结为原基，并进一步发育为子实体，产生有性孢子。从原基形成到有性孢子产生这一发育阶段，称为生殖生长阶段。食用菌的繁殖方式可分为有性生殖和无性生殖2大类。

(1)*有性生殖*　食用菌的有性生殖包括3个明显的发育阶段，即质配、核配和减数分裂。开始是性细胞(担孢子)萌发产生单核菌丝，1对可亲和的单核菌丝融合，即2个细胞的原生质融合在1个细胞里，称为质配。由质配所带入的2个细胞核结合成双倍体细胞核的合子，称为核配。双倍体的细胞核通过减数分裂，使双倍体的细胞核分裂成4个单倍体的性细胞，称为减数分裂。食用菌通过有性生殖产生有性孢子——担孢子。有性生殖对物种的世代延续及进化起到积极的作用。

(2)无性生殖　不经过生殖细胞的结合而由亲代直接产生子代的繁殖方式,称为无性生殖。食用菌的无性生殖是由无性孢子产生新个体来完成的。无性孢子有分生孢子、粉孢子、节孢子、芽孢子和厚垣孢子,单核或双核,单核的无性孢子具性孢子的功能,双核化后可完成其生活史。双核的无性孢子在萌发后可直接完成生活史。构成食用菌的子实体的菌丝大都是双核菌丝。从食用菌子实体任何部位取一块小组织,放在无菌的培养基上进行培养,这是无性繁殖的一种方式,用这种组织分离的方法获得的菌种,有助于保持稳定的遗传性状。

(二)生活史

1. 食用菌的生活史　通常是指由担孢子萌发开始,经过生长发育,到产生新一代的担孢子为止所经历的全部过程,称为食用菌的生活史。它相当于高等种子植物从种子萌发到开花结果至种子成熟的过程。

典型的生活史由无性生活史和有性生活史 2 部分组成。一般来说无性阶段在生活史上往往可以连续产生许多次无性孢子。有性阶段在生活史上往往只产生 1 次有性孢子。所以,一般而言,要了解一种生物的生活史,主要是了解其有性生活史。

2. 生活史的步骤　从营养生长阶段到生殖生长阶段,整个生活史在担孢子萌发后贯穿着质配、核配和减数分裂 3 个重要的环节。现以黑木耳和香菇两种食用菌为例,其生活史的步骤如下(图 2-10,图 2-11)。

(1)担孢子萌发　担孢子萌发产生芽管,芽管不断伸长,形成单核菌丝。单核菌丝开始生长发育,每一个单核菌丝的细胞中只有 1 个与担孢子同性的单倍体细胞核。单核菌丝体中所有的细胞核都含有相同的遗传物质。单核菌丝体能无限地进行繁殖。有些食用菌的单核菌丝体不会产生无性孢子，而有些食用菌的单核菌丝体会产生无性孢子，如金针菇的单核菌丝体可以产生粉孢子，草菇的单核菌丝体可以产生厚垣孢子。

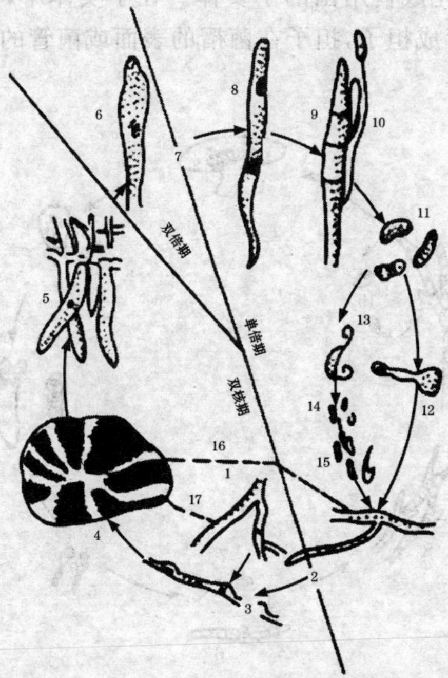

图 2-10 黑木耳的生活史

1. 单核菌丝 2. 双核化 3. 双核菌丝及其锁状联合 4. 担子果 5. 幼小的双核担子 6. 核配 7. 减数分裂 8. 幼担子 9. 成熟的担子 10. 着生在小梗上的担孢子 11. 担孢子产生横隔膜 12. 担孢子直接萌发为(+)或(−)单核菌丝 13. 担孢子间接萌发产生分生孢子 14. 马蹄形分生孢子 15. 分生孢子萌发为(+)或(−)单核菌丝 16、17. 单核结实

(2)质配 2条可亲和的单核菌丝进行质配，形成异核的双核

菌丝。多数食用菌的双核菌丝在横隔膜处产生锁状联合。双核菌丝可以无限地进行繁殖。有些种的双核菌丝体在一定的条件下可以产生粉孢子、厚垣孢子等无性孢子。在适宜的环境条件下,双核菌丝体组织分化成食用菌的子实体。在子实体中,双核菌丝体的顶端细胞,发育成担子,担子在菌褶的表面或菌管的内壁四周排列成子实层。

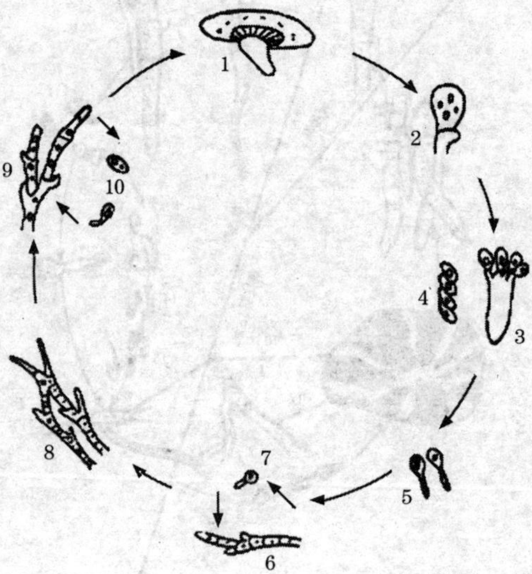

图 2-11　香菇的生活史　(引自 杨庆尧)

1. 子实体　2. 担子形成　3. 成熟的担子　4. 担孢子　5. 担孢子萌发　6. 单核菌丝　7. 单核厚垣孢子　8. 单核菌丝的融合　9. 双核菌丝　10. 双核厚垣孢子及其萌发

(3)核配　在担子中来自 2 个亲本的 1 对交配型不同的单倍体核进行核配,形成 1 个双倍体核。

(4)减数分裂　双倍体核在担子中立即进行减数分裂,结果产生 4 个单倍体核。每个单倍体核各自移到担子小梗的顶端,形成

1 个担孢子。一般情况下，每个担子上形成 4 个单核的担孢子。这 4 个担孢子中有 2 个属"+"性，2 个属"−"性。至此，完成了一个完整的生活史。

食用菌生活史中显示：由于双核菌丝是已经进行性结合的菌丝，因此，双核菌丝体的任何一部分均可用来培养子实体。绝大部分食用菌的子实体都是由双核菌丝组成的。所以，切取子实体的任何一部分都能分离培养出纯菌种。这是菌种制作中的组织分离法的依据。另外，在食用菌生活史中，双核菌丝存在的时间较长，然而，双倍体存在的时间短暂，因为核配后立即进行减数分裂，使双倍体核分裂成 4 个单倍体核。

四、食用菌的生态环境

食用菌的正常生长发育必须具备 2 个基本条件，第一是营养；第二是适宜的环境条件。

(一)营　养

1. 营养方式　根据获取食物的习性，食用菌的营养方式分为 3 大类型：腐生、寄生和共生。

(1)腐生　从动植物已死亡的或无生命的有机物质中获取养料，以维持自身正常生活的一种营养方式称之为腐生。也就是说这类生物主要是靠吸收外界组成的物质而获得营养。凡营腐生生活的生物称之为腐生菌。它们广泛地分布在土壤内、腐烂的叶片、植物遗骸和肥料上面。食用菌绝大多数属于腐生菌。腐生菌是可以在人工培养基上培养的。例如，已经能够人工栽培的香菇、双孢菇、黑木耳、金针菇、平菇、鸡腿菇等都是腐生菌，它们营腐生生活。

腐生菌中根据它的营养来源，又可分为木腐菌、草腐菌和粪草菌等类型，其中又以木腐菌为多数。

①木腐菌:是生长在木材和树木上的菌类,如香菇、木耳、平菇等。有的木腐菌适生的树种较广,阔叶树的木材都可以利用,但是又以壳斗科的为最好。因此,在代料栽培这些菇类时,常用阔叶树的木屑。有的木腐菌适生的树种较窄,如金针菇适生在朴、柳、杨、榆及构树上。随着人工驯化,改良的技术不断发展,许多木腐菌也可以在多种富含植物性纤维素、木质素的培养料上人工栽培,如黑木耳、平菇、金针菇等现在也可以用棉籽壳作为代料栽培,但是香菇仍以木屑栽培为主。

②草腐菌:以稻草、麦秸等为主要生长基质的菌类,如草菇。

③粪草菌:以腐熟的动物粪便(如牛粪、马粪、猪粪、鸡粪等)为主要生长基质的菌类。因为动物粪便中含有大量的纤维素、半纤维素和木质素。此外,还含有较多的水分、维生素、无机盐和生长物质,pH 值在 6.5 左右,适合粪草菇的生长。典型的粪草菇是双孢蘑菇,它是利用稻草、麦秸及较多的畜粪作为培养料,经过堆制、发酵处理后进行栽培。

(2)寄生　指以活的动物、植物为培养基,吸收它们的养料供其生长和繁殖的菌类。典型的寄生菌是冬虫夏草,它是著名的药用菌。冬虫夏草是虫草菌寄生在鳞翅目蝙蝠蛾科的幼虫体内,吸收虫体内的营养,此幼虫由于虫草菌的寄生,营养耗尽而死,虫草菌的菌丝吸收营养后不断繁殖,使虫体变成菌核,一定时间后,在僵虫的头部扭结的菌丝向外生长形成子座。冬虫夏草是"虫菌合体","草"是指虫草菌的子座。猴头菌和灵芝等可以寄生在树木上,也可以用代料栽培,属于兼性寄生菌。

(3)共生　2 种不同的生物,由于不能独立生存而共同生活在一起,互惠互利,相互依存的现象称为共生。例如:在自然条件下,鸡纵菌只能生长在白蚁窝上,白蚁为鸡纵菌提供生存的营养基质,而鸡纵菌在白蚁窝上生长则为白蚁提供营养丰富的菌丝体作为食物,白蚁和鸡纵菌之间互惠互利彼此依赖生存,这种关系称之为共生。

2. 营养物质 食用菌对营养物质的要求主要分为水分、碳源、氮源、无机盐及生长素类物质。

(1)水分 食用菌有机体中含量最多的是水分，菌丝体一般含水量为70%～80%，孢子含水量为38%～40%。水是生物(包括食用菌)生长、发育不可缺少的物质。所谓营养就是生物由食物内吸取养料保养身体。而各种营养物质和代谢物必须溶于水才能通过细胞表面而被吸收，自身物质的合成也离不开水，细胞的组成也少不了水。从这几方面来看，水也应当算是一种营养物质。在菌种制作的培养基配制中必须加水。但是此前许多资料中还没有提出过水是营养物质。

(2)碳源 碳素是食用菌最重要的营养来源，它不仅能提供碳素以作为合成碳水化合物和氨基酸的原料，而且它也是重要的能量来源。食用菌所需要的碳营养都来自有机物，如纤维素、半纤维素、木质素、淀粉、果胶、戊聚糖类和醇类等。食用菌不能利用二氧化碳、碳酸盐等无机盐。在常见的碳源中，单糖、有机酸和醇等小分子化合物都可直接为食用菌细胞所吸收；而纤维素、半纤维素、淀粉等大分子化合物，需经过纤维素酶、半纤维素酶和木质素酶分解成葡萄糖、阿拉伯糖、木糖、半乳糖和果糖等简单糖类后才能被吸收利用。在食用菌生产中，碳源主要来自各种植物性原料，如阔叶树木材和木屑、稻草、麦秸、棉籽壳、棉秆粉、玉米芯等。在配制培养基时，不同的食用菌品种需要不同的糖类。对于大多数食用菌来说，蔗糖就能满足其生长的需要。但有时需将2种不同的糖混用才能改善和提高培养效果，如在银耳芽孢萌发菌丝体的培养基中，将麦芽糖与蔗糖配合使用，用于由芽孢诱发银耳菌丝效果较好。

(3)氮源 氮素是合成食用菌细胞蛋白质、核酸和酶类所必不可少的主要原料。蛋白质和核酸是原生质的主要成分，它们在有机体生长和繁殖过程中起着重要的作用。

氮源可分为无机氮即铵盐、硝酸盐等和有机氮即蛋白质、蛋白胨、豆饼、鱼粉、牛肉膏等。大部分食用菌都能利用无机氮和有机氮，但是以无机氮为惟一氮源时，菌丝生长缓慢，且有不出菇的现象。各种食用菌所需要的最佳氮源是不同的。生产中常用的氮源为马铃薯浸汁、酵母汁、黄豆汁、玉米粉、蛋白胨、尿素、麦麸、米糠、禽畜粪等含氮化合物提供。

食用菌菌丝体能直接吸收氨基酸、尿素、氨和硝酸钾等小分子化合物。蛋白质是一类高分子化合物，不能直接被利用，必须经过蛋白质酶分解成氨基酸后才能被吸收。

碳氮比(C/N)：氮营养的多寡对食用菌菌丝体的生长(营养生长)和子实体的发育(生殖生长)有很大关系。在菌丝生长阶段，培养基中的含氮量以0.016%～0.064%为宜，含氮量低于0.016%时菌丝生长受阻；在子实体发育阶段，培养基中的含氮量宜在0.016%～0.032%，高浓度的氮反而有碍于子实体的发生和生长。此外，碳和氮的比例也要恰当。一般营养生长阶段，碳氮比以20∶1为好，而生殖生长阶段以30～40∶1为好。

(4)无机盐类　无机盐类是构成菌体细胞物质的组成元素，是食用菌生活中必需的。如果缺乏某一种必需元素就会延迟食用菌的生长和发育，食用菌需要无机盐的量远比碳源和氮源少。在供试的培养基中碳源和氮源，通常以克/升来表示，而无机盐元素通常用毫克/升来表示。在无机盐类中有常量元素，所需量相对较多，如镁、磷、钾、硫和钙，其使用浓度一般为100～500毫克/升为宜。镁具有广泛的调节作用，是许多酶的激活因子。钾在菌体细胞质中以维持菌体细胞一定的渗透压。常量元素中以镁、磷、钾三元素最为重要。此外，还有微量元素如铁、锰、钼、硼等，使用浓度极微。微量元素广泛存在于配制培养基的有机物和水中，一般不需要另外加入。

在食用菌的培养基中常加入磷酸二氢钾、磷酸氢二钾、磷酸钾、硫酸镁、碳酸钙等，就从这些无机盐中获得磷、镁、钾、钙、硫等元素。在磷酸二氢钾、磷酸氢二钾和磷酸钾这3种磷酸盐当中，究竟选用哪一种，要根据需要的酸度来决定，要求酸度较高的培养基用磷酸二氢钾，反之则用磷酸氢二钾或磷酸钾。

(5)生长物质　生长物质包括2方面，一是维生素，二是生长调节因子。食用菌的生长发育需要生长物质。如果缺少这类物质，生长发育受阻，甚至不能出菇。食用菌需要的维生素有硫胺素（维生素 B_1）、核黄素（维生素 B_2）、泛酸（维生素 B_5）、吡哆醇（维生素 B_6）、氰钴氨素（维生素 B_{12}）以及生物素（维生素 H）等。不同的食用菌品种对维生素的种类要求不同，但是用量甚微。生长调节因子相当于生长调节剂，作用的浓度很低，如核酸和核苷酸是促进子实体生长发育的生长因子。

生长素类在马铃薯、麦芽、豆芽、酵母、米糠、麦麸等植物性材料中含量很丰富，因此我们在配制天然培养基中一般不另加生长物质。

此外，还有一些生长激素如三十烷醇、萘乙酸（NAA）、吲哚乙酸（IAA）、吲哚丁酸（IBA）、赤霉素（GA）等对菌丝体的生长发育也有促进作用。

（二）环境条件

食用菌的生长发育需要一定的环境条件。影响食用菌生长的环境因素有物理因素、化学因素及生物因素，其中重要的是温度、水分、湿度、空气、光照和酸碱度。

1. 温度　温度是影响食用菌生长发育的重要因素之一。每一种食用菌只有在它需要的温度条件下，才能正常生长。食用菌对温度的要求可分为最适温度、最低温度和最高温度3种。在最适温度范围内，食用菌生长速度快，生命力强，子实体生长健壮。在最低温度下或最高温度上，食用菌的各种生命活动都不能正常进行，甚至会导致死亡。

食用菌菌丝生长最适的温度范围（除草菇外）一般都在20℃～

30℃。食用菌菌丝对高温的抵抗力差，如香菇菌丝在40℃时经4小时、42℃时经2小时、45℃时经40分钟就会死亡。但是对低温的抵抗力强。香菇菌丝在菇木内能耐－20℃的低温。而高温品种草菇则例外，其菌丝生长的最适温度为32℃～35℃，它不耐低温，在5℃条件下菌丝很快死亡，所以草菇菌种不能在冰箱里保藏。

(1)食用菌子实体分化时对温度的要求　大致可分为3种类型：

①低温型：这类食用菌子实体分化的最适温度在20℃以下，多在冬季或秋末春初发生。属于低温型的品种有香菇、金针菇、平菇、双孢菇等。

②中温型：这类食用菌子实体分化的最适温度在20℃～24℃，多在春、秋两季发生。属于中温型的品种有银耳、黑木耳、毛木耳、大肥菇、榆黄蘑等。

③高温型：这类食用菌子实体分化的最适温度在24℃以上，多在盛夏和早秋发生。属于高温型的品种有草菇、鲍鱼菇、灵芝、长根菇等。

在生产实践中，由于长期选育的结果，有的种类也逐渐适应而产生了有不同温型的品种，例如香菇，按其子实体分化发育的温度可分为2种类型：高温型，子实体分化发育的适宜温度为20℃～25℃，为春末、夏、初秋发生的品种；低温型品种子实体分化发育的适宜温度为12℃～18℃，为秋末、春季发生的品种。此外还有一些中间型品种，其子实体分化发育的适宜温度或比高温型略低，比低温型略高，不同温型的品种增多了，可以进行不同季节制种，合理搭配栽培，构成香菇的周年栽培，月月有香菇产品。另外，同一类菇有不同温型的品种，更有利于不同海拔地区、不同栽培模式，因地制宜选择品种，以便有更大的适应性。

(2)子实体分化期对环境温度的要求　分为2种类型。

①恒温结实型：此类食用菌子实体分化时只需恒温即可，这类

品种多属于中温型、高温型食用菌，如木耳、银耳、灵芝、大肥菇、草菇等。

②变温结实型：这类食用菌子实体分化时要求有低温刺激。如香菇在菌丝生长达到生理成熟后，要求环境有 8℃～10℃的温差处理(即变温处理)，维持 7 天左右，就会有菇蕾发生。栽培者常将白天的环境温度提高，夜间维持自然温度，以此来拉大昼夜温差。又如金针菇，其菌丝生长的温度为 22℃～24℃，当菌丝生长达到生理成熟后，就给予 5℃的低温刺激，待菇蕾发生后，再将温度提高到 8℃～12℃进行出菇管理，这都是通过变温促进结实的实例(表 2-1)。

表 2-1　食用菌生长、发育的温度　(℃)

种　类	菌丝体生长温度		子实体分化与发育的最适温度	
	生长范围	最适温度	子实体分化温度	子实体发育温度
双孢菇	5～33	22～26	8～18	13～16
香　菇	5～32	24～27	10～12	12～18
草　菇	12～43	35	28～30	30～32
平　菇	10～32	24～27	7～20	10～16
鲍鱼菇	20～33	25～28	—	26～28
榆黄蘑	14～33	23～28	—	22～28
金针菇	3～30	20～23	5～13	8～14
大肥菇	6～33	30	20～25	18～22
黑木耳	6～33	22～28	15～27	20～28
毛木耳	6～33	22～28	16～28	22～28
银　耳	12～33	25	18～26	20～24
猴头菌	12～33	21～24	12～24	15～22
滑　菇	5～33	20～25	5～15	7～10
口　蘑	2～30	20	2～30	15～17
茯　苓	10～33	25～28	—	18～26

2. 水分和湿度 食用菌有机体中含量最多的是水分，成熟的子实体含水量几乎达菇体重的85%～93%。因此，它是机体的重要组成成分，它又是重要的溶媒，食用菌所需要的营养物质必须溶于水中才能被菌丝细胞吸收，自身食物的合成也离不开水。水对食用菌的生理作用是很重要的。

(1)水分 食用菌生长发育所需要的水分绝大部分来自培养料。培养料的含水量直接影响菌丝的生长及子实体的分化与形成。不同的食用菌对培养料的水分含量要求不同，适于食用菌生长的培养料的含水量通常为60%～65%。在山区用段木栽培香菇、黑木耳，接种时段木的含水量则要求在40%～45%。用代料栽培食用菌，不同品种所选用的培养料其含水量也有些差异。

(2)空气相对湿度 食用菌要在一定的空气相对湿度下生长发育，一般用空气相对湿度表示。空气相对湿度直接影响培养料水分的蒸发量，也影响空气的交流，妨碍营养物质从菌丝体向子实体的输送和转移，从而影响子实体的生长发育。大多数食用菌在菌丝生长阶段，空气相对湿度稳定在60%～70%，在子实体分化阶段要求空气相对湿度为80%～85%，到子实体发育阶段，空气相对湿度要提高到85%～90%。有的食用菌品种在子实体生长旺盛阶段，空气相对湿度要求为95%。如遇高温，栽培室里空气相对湿度超过90%，在这种高温、高湿的环境条件下，食用菌的子实体上容易引起真菌或细菌性病害，这样不仅影响子实体的外观，降低了产品质量，而且造成减产。但是，空气相对湿度过低，子实体就会因脱水而枯萎。

3. 空气 食用菌通过呼吸作用来吸收氧气，排出二氧化碳。食用菌属于好气性菌类，在菌丝生长和子实体发育阶段都需要清新的空气，同一个品种不同发育阶段需氧量是不同的，一般生殖生长阶段需氧量大于营养生长阶段。银耳菌丝生长阶段，如果氧气不足，菌丝生长差，不易产生白毛团；平菇对二氧化碳的耐受力较高，在营养生长阶段，当二氧化碳浓度高达20%～38%的情况下，仍能正常生长。

食用菌在原基形成后，如果缺乏氧气，就会影响菇体生长，甚至引起子实体畸形。平菇栽培室内，如果二氧化碳浓度高，子实体不能正常形成菌柄和菌盖，而呈菜花状；香菇栽培中，二氧化碳浓度高了，菌盖和菌柄分化不明显，形成畸形菇；毛木耳袋栽时，室内空气流通不够，耳片形成“鸡爪耳”；灵芝子实体的形成对二氧化碳更为敏感，二氧化碳浓度积累至0.1%时，一般不形成菌盖，菌柄分化呈鹿角状。因此，食用菌生长发育整个阶段都需要新鲜空气，要保持环境的通风换气。

4. 光照 食用菌不是绿色植物，不需要直射的阳光，如果将食用菌在直射阳光下培养，由于紫外线有杀菌作用，加之水分急剧蒸发，空气相对湿度过低，不利于食用菌生长。因此，需要在菇房或荫棚内进行栽培。

食用菌在菌丝生长阶段不需要光线，菌种和栽培袋在菌丝生长阶段，可以在黑暗下进行培养。但是大多数食用菌在子实体分化以及生长发育时需要散射光。如香菇、草菇、松口蘑在完全黑暗条件下不形成子实体；金针菇、侧耳、灵芝等在无光条件下虽能形成子实体，但是菇体生长畸形，常常只长菌柄，不长菌盖，不产生孢子。一般说，食用菌的孢子必须在有光线的条件下才能形成并散发孢子，只有少数种类可以在黑暗条件下产生孢子。大多数食用菌的孢子在有光线或黑暗条件下均能萌发。

食用菌中有少数种类如双孢菇、大肥菇和在地下生长的茯苓、块菌、地蕈等，它们可以在完全黑暗的环境条件下完成其生活史。

某些菇类子实体有正向光性，如灵芝菌盖的生长点，总是朝着有光源的一方延伸，为了适应市场对商品的需要，在培养灵芝盆景时，人为地改变光源入射的方向，使其形成形态各异的畸形灵芝，颇具观赏性，提高了商品价值。

光线对食用菌子实体的色泽也有很大影响，如果光照不足，香菇呈灰白色，黑木耳的色泽为浅褐色。子实体色泽不正常，商品价值下降。因此，在食用菌的菌丝培养阶段，给予黑暗条件，可以防止提早现原基，保证菌丝健壮生长，在菌丝成熟后，给予散射光，诱导原基形成，促进子实体丰产和优质。光照是食用菌的重要生态条件。

5. 酸碱度 大多数食用菌都适宜在偏酸的环境中生长。适合菌丝生长的 pH 值为 3～8，以 6～6.5 为宜。在 pH 值大于 7 时生长受阻，大于 8 时生长停止。木耳菌丝生长最适 pH 值为 5～6.5，香菇为 5～6，金针菇为 5.4～6，银耳为 5～6，大肥菇为 6～6.4，猴头菌为 4，双孢菇为 6.8～7，草菇为 7.5～8。

为了使菌丝生长稳定在最适 pH 值范围内，在配制培养基时，常加入磷酸二氢钾或磷酸氢二钾等缓冲物质。在培养料中加入 1%的碳酸钙或石膏粉也可起到中和作用。

6. 生物因子 食用菌在其生长发育过程中，时刻都与周围的微生物、动物和植物发生着密切的关系。周围的这些生物对食用菌有的有害，有的有益，也有的互为有利。

(1)食用菌与动物及昆虫

①食用菌与动物：在食用菌生长发育过程中常遇到老鼠的为害。老鼠咬食菌丝和子实体，造成产量和质量的下降，由于老鼠的咬食造成伤口，提供了细菌和真菌入侵的途径，引起危害菌丝和子实体的杂菌和病害。动物对某种食用菌是有益的，如块菌，它的子实体发生在地下，只有通过野猪或竹鼠的挖掘和啃食帮助其传播孢子；在食用菌生产过程中，动物的粪便是制造堆肥的原料之一，如栽培双孢菇的堆肥中主要原料是稻草、马粪和牛粪，畜粪为堆肥提供有机肥，畜粪的质量可直接影响粪草菌的产量。

②食用菌与昆虫：它们的关系甚为密切。在栽培食用菌的过程中，常遇到蛞蝓、马陆、尺蠖、蜗牛、螨、菌蝇、菇蚊、线虫等，吞食

菌丝体，蛀食子实体，造成食用菌产量和品质下降。同时，由于这些昆虫的为害，常留下伤口，易引起细菌或真菌的侵染，导致病害流行。因此，昆虫是食用菌生产的大敌。但是，有些昆虫又是食用菌的朋友，例如竹荪子实体顶端的海绵状产孢组织的分泌物，常能吸引苍蝇等小昆虫的吸吮，孢子便黏附在它们的口器和虫体上被带到它处进行传播。

(2)食用菌与植物 食用菌与植物的关系更为密切。植物是食用菌所需要的营养物质的供应者。段木栽培香菇、黑木耳、银耳等木腐型食用菌，栎树、栲树、楮树等都是主要的适生树种。通过这些树木向食用菌提供营养。代料栽培食用菌，这些树种的木屑以及农作物秸秆、农作物的种子都是食用菌的培养基质。因此，食用菌不可能脱离植物而生存。在自然界野生的食用菌依靠植被、枯枝落叶形成的腐殖质以及植物造成的小环境而生存、发展。

有些食用菌对植物会构成危害，这些菌类对人类是有益的，但是对植物是有害的。例如，猴头菌是以腐生为主，兼寄生，它能寄生在阔叶树干上，使被寄生的植物发生白腐病。蜜环菌寄生性强，它能广泛寄生在桑、茶、柑、雪松、冷杉、红松、榛、山毛榉、栓皮栎等200多种植物上，造成这些植物的根腐。因此，这些兼性寄生菌对森林的营造是有害的。

不少食用菌能与植物形成菌根，这种食用菌的存在对植物来说是有利的。菌根菌能分泌吲哚乙酸等物质，刺激植物根系生长，并促进植物吸收某些无机盐类，植物则通过光合作用合成的碳水化合物提供给食用菌，它们互为有利。因此，菌根类食用菌对树木的生长成林是十分有利的。

(3)食用菌与微生物

①有益微生物：许多微生物能为食用菌提供必要的营养物质。例如，双孢菇的堆料发酵过程中，假单胞杆菌、嗜热放线菌、高温放线菌、高温单孢菌以及嗜热真菌等，能帮助分解纤维素、半纤维素

等复杂有机物，软化草料的茎秆，而且还能为蘑菇的生长提供各种营养，有些微生物产生的激素可促进菌丝生长及子实体的形成；又如，银耳与特定的微生物之间关系极为密切。银耳菌丝能独立地完成生活史，但是子实体（耳片）极小，不能成为商品。因为银耳菌丝分解纤维素和木质素的能力极低，在自然条件下常有一种子囊菌与其伴生，这种子囊菌人们称其为香灰菌，香灰菌对纤维素、半纤维素以及木质素的分解能力强，经它分解后，大分子化合物变成了简单的物质，供银耳菌丝吸收。在自然界，银耳菌附近伴生有香灰菌。在人工制种时，人们采用由银耳菌丝与香灰菌丝混合在一起制成的“混合菌种”，而不能用银耳的纯菌丝种。

②有害微生物：在食用菌生产中有害微生物常引起菌种失败，栽培减产，产品的质量下降，这些造成菌种以及代料栽培中的培养料被污染的微生物有病毒、细菌、放线菌、根霉、毛霉、青霉、木霉、曲霉、链孢霉以及其他病害真菌。人们常称这些微生物为杂菌或病菌。在子实体发生后，除了上述杂菌可以继续危害子实体外，还有一些真菌侵染子实体，引起褐斑病、褐腐病、软腐病、丝枝霉病、猝倒病等。这些杂菌以及病原真菌与食用菌争夺养料；分泌各种毒素，导致菌丝生长缓慢，直至死亡，子实体形成减少，甚至不出子实体，即使出现的子实体也是畸形，这些有害微生物是食用菌的大敌。

思考题

1. 食用菌属于哪一类微生物，分类地位如何？简述其营养体和繁殖体的形态特征（以伞菌为例）。

2. 食用菌的菌丝有哪 3 个明显的发育阶段？子实体是由何种菌丝组成的？用于制菌种的菌丝体是单核菌丝还是双核菌丝？

3. 食用菌的菌种培养一般对温度、湿度、空气、光照要求如何？草菇是高温品种，它对菌种培养时的温度要求又如何？

4. 食用菌需要哪些营养物质？掌握这些知识与制种有何关系？

第三章　食用菌制种的基本技能

一、食用菌菌种厂的设置

(一)食用菌菌种厂设置的原则及厂房布局

1. 菌种厂设置的原则

(1)规格的确定　菌种厂的规格必须根据当地的资源和产品销售行情来确定规模的大小，既要根据当前的需要，又要照顾今后长远的发展。资源方面还可考虑周边地区可引进的资源量，产品销售也应当具有发展的眼光。总之，要因地制宜，实事求是。

(2)规模大小　菌种厂的规模大小应考虑本身的投资能力和技术力量。基本建设必须一步到位，不能边筹资边建设、边生产。因为菌种必须在无菌条件下生产，每一个生产环节都会影响菌种的质量。另外，根据菌种厂本身的技术条件，确定菌种生产的级别，这也涉及菌种厂的规模。菌种厂的任务是单纯扩大生产菌种或是需要安排一定面积的栽培场所，以便用于选种的需要。

(3)厂址选择　菌种厂的厂址应选择在交通方便，有水、电，地势高燥，周围环境清洁的地方。周边应空旷，这样既可减少干扰又可留作今后的发展余地。

(4)周边环境　确保周边环境卫生。应远离畜禽饲养场、饲料加工厂与饲料仓库，要与职工生活区隔开。

2. 厂房布局　菌种厂是生产食用菌纯菌丝种的场所，厂房的布局应着眼于提高纯培养的成功率，降低菌种污染率，减轻劳动强度，从而增加菌种厂的经济效益。为此厂房布局应该是流水线作业，有菌区与无菌区隔开，以利于对微生物传播的控制。现介绍规范化菌种厂的布局(图 3-1)。

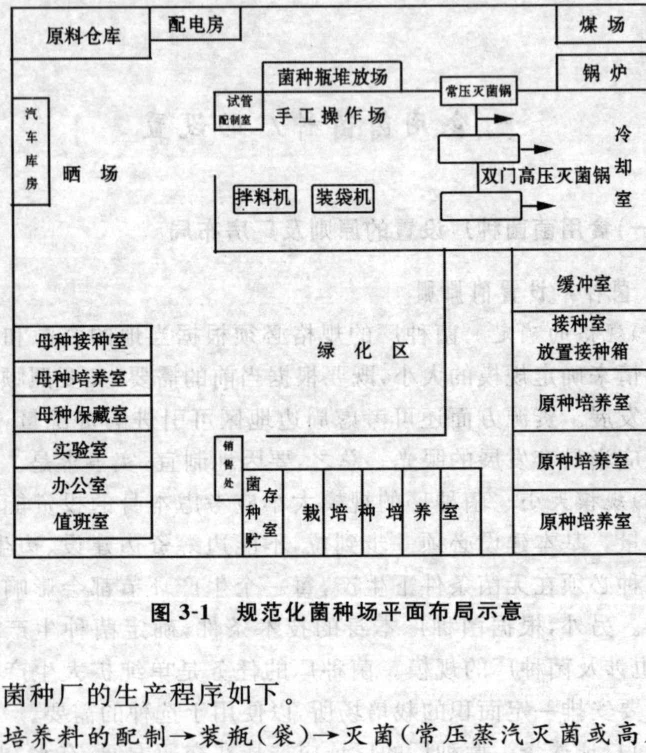

图 3-1 规范化菌种场平面布局示意

菌种厂的生产程序如下。

培养料的配制→装瓶(袋)→灭菌(常压蒸汽灭菌或高压蒸汽灭菌)→冷却→接种→培养贮存

(1)培养料配制室(即拌料车间) 此室是配制各种培养基和放置灭菌设备的工作间，面积应较大、宽敞，要求水泥地面，四周的墙壁光滑，便于冲洗，有水、电装置，内放磅秤、拌料机、装袋(瓶)机、装袋(瓶)塑料框、手推车，室的一端修建常压灭菌灶，安放高压灭菌锅。此室的另一端隔一小间，作为试管培养基配制室，里面放1个工作台、药品柜、手提式高压蒸汽灭菌锅，有水电装置。

(2)冷却室　是存放灭菌后待冷却的料袋(瓶),作接种的备用。此室的面积可根据每天的制种量而定。冷却室是无菌区,要求水磨石地面,用白瓷砖嵌铺四周墙面,便于抹洗,进出门口安装空气过滤器装置,室内配备强制冷却装置,有条件的单位,冷却室内还应配备除湿器。

(3)接种室　是进行接种的工作间,应设在向阳、干燥处。室内地面和墙壁的装修与冷却室相同,为无菌区。接种室面积不宜太大,一般为 6 平方米左右,房顶不要太高,以 2～2.5 米为宜,应刷上油漆或涂料。有条件的单位,应安装双重玻璃窗,以免接种时进入灰尘和杂菌。室内配有 1 个工作台,台面要光滑,便于洗抹,安放一套接种用具,房顶上要安装一盏 40 瓦的日光灯和一盏 30 瓦的紫外线灯。实践证明,大批量接种应采用接种箱为好,2 人对面接种,配备 2 个接种箱轮流使用,由专人负责接种物品进、出箱,接种人员工作不停顿。如果接种室内放置接种箱,接种室的面积可根据安放接种箱的多少而定。从冷却室进入接种室设有缓冲间,缓冲间和接种室的门都是横向拉门,两门不要对开,要以相对的方向错开,以减少空气对流。缓冲间不要与其他房间或走道相通,以免杂菌污染。

缓冲间应安装紫外线灯和日光灯,安放一个小型药品柜,以存放消毒药剂和临时分离接种用的培养基和试管菌种等,药品柜内还应备有酒精灯、接种工具(接种针、接种环、接种勺、解剖刀、解剖剪、镊子)、70%酒精、脱脂棉球(浸泡在 70%的酒精瓶里)、记号笔、打火机、铅笔、记录本等。

如果接种是用接种箱,接种室内还可安装分体式空调,在接种完毕后进行空气转换和降温,以备下一轮的接种。这样,可以提高高温季节的接种效率。接种箱里备有接种用的工具。

(4)培养室　是接种后菌种培养的地方,其面积大小可根据生产规模而定。要求干燥、通风、保温。室内地面可用水泥或水磨石地面。放置菌种需要搭架子，以木、竹、角钢结构均可，4～6层为好。加温可用通热气的管道或立式电炉，有条件的可安装降温用的空调机，以适应季节要求。

(5)贮存室　是培养好的菌种存放的房间，此室要求干燥、通风、阴凉、干净。贮存室基本上要求黑暗，以防由于光照的诱导，使成熟的菌丝体提早出现原基，造成菌种老化。室内可搭4～6层的菌种架，菌种培养成熟后应及时应用或销售。实际上贮存室是菌种进出的过渡室，菌种贮存的时间不应过长，否则影响其质量。

(6)实验室　是进行有关菌种的各项试验的工作室。要求水磨石地面，有水电装置。室内安放实验桌、接种箱或超净工作台、药品柜、冰箱、干燥箱和温箱。有条件的地方，实验室也应安装空调。

(7)母种的接种室　可放接种箱和超净工作台，专用于母种的接种。

(8)母种培养室　要求与上述培养室相同，也可放置1台恒温培养箱。

(9)母种保藏室　放置工作台及一批冰箱，此冰箱主要用于保藏试管母种。

(二)食用菌菌种厂应配置的基本设备

1. 母种(一级种)生产的设备

(1)基本设备　①实验台(桌)，用于配制培养基、摆放试管、称量各种营养物质等。②药品柜，摆放各种试剂、药品、各种接种工具和制种物质等。③温箱，用于培养分离物和试管种。④干燥箱，用于玻璃器皿的干热灭菌。⑤冰箱，保藏试管菌种，这种冰箱应选用冰冻室小、冷藏室大的类型。因为菌种不能放在冰冻室内，只能保存在4℃～8℃的低温下。⑥手提式灭菌锅，可选用电、火两用型。⑦电炉，用于配制培养基以及手提式灭菌锅灭菌。电炉的型号为1 000瓦、2 000瓦各1个。⑧药物天平，即架盘天平(500克)，用于称取配制培养基的各种物质。⑨钢精锅，可配备大小型号各1个，主要用于煮培养基的各种配料。⑩下口量杯，配备2 000毫升的搪瓷下口量杯2个，用于分装试管。⑪11铁丝筐，用于盛放试管，筐的高度约为试管长度的2/3，避免试管倒伏。⑫橡皮管，选用乳胶橡皮管，粗细度以下口量杯的下口为标准，用于安装在下口处，分装试管培养基。⑬止水夹，用于橡皮管上，以控制培养基的流量。⑭滴管，橡皮滴管头，或用玻璃管自制，安在橡皮管先端，用于分装培养基，以免培养基沾脏试管壁。⑮棉花，做试管棉塞用。

此外还需要纱布、小刀、牛皮纸、棉线、橡皮筋、pH试纸等。

(2)玻璃器皿　①量筒和量杯，主要用于量取液体物质，选用玻璃质地，量筒配备10毫升、200毫升、500毫升若干个，量杯可选用50毫升、250毫升若干个。②试管，制种常用18毫米×180毫米、20毫米×200毫米型号。③三角瓶，用于分离菌种，可选用50毫升、250毫升若干个，以50毫升的用量为主。④培养皿，用于分离菌种，可选用直径为6厘米、9厘米若干个。⑤广口瓶，用于盛酒精。

(3)常用试剂　生产母种常用的试剂和化学药品有琼脂、磷酸二氢钾(KH_2PO_4)、磷酸氢二钾(K_2HPO_4)、硫酸镁($MgSO_4$)、蛋白胨、葡萄糖、蔗糖、麦芽糖、酵母浸膏、盐酸、乳酸等。

(4)分离、接种工具　①接种针，用于挑取孢子、菌丝和分离物。一般从商店购来的接种针，针头太软，工作不便，可以只购买接种针棒，针头自制，用较粗的电炉丝先拉直，截6～7厘米长，一端先用砂轮磨尖且光滑，然后弯成3～4毫米长的小钩，另一端安在接种棒上即成。②镊子，长度为10厘米、12.5厘米、20厘米各1把。用于镊取分离物等。③解剖刀，选用尖头刀片，用于切割分离物。④小榔头，用于敲击劈开种木。

(5)接种箱或超净工作台

①接种箱:是用木料和玻璃制成的,要求密闭性好,便于用药物熏蒸,以防止接种时杂菌污染。接种箱有单人操作式和双人操作式 2 种。双人操作式使用方便,效率高,所以使用比较普遍。双人操作式接种箱分为两部分,上部分为操作室;下部分为箱架,主要是将接种箱架起来,便于操作,其结构见图 3-2。

图 3-2 接种箱 (单位:厘米)

接种箱的内外木板上都要涂白色或淡黄色油漆,板面要光滑,便于清洁擦拭,各个接缝要细密,防止杂物嵌塞和隐藏杂菌。

接种箱的大小不一,用于分离或转接试管的箱型可略小,用于转接瓶袋的则略大。

②超净工作台:主要用于分离菌种或转接试管种。它是以空气过滤去除杂菌孢子和灰尘颗粒达到净化空气的装置。超净工作台应放在干净的实验室内,不宜放在接种室内用于其他制种操作。

2. 原种(二级种)、栽培种(三级种)的生产设备

(1)木材粉碎机 将木材、树枝丫粉碎成粗木屑供制菌种和栽培用。木材粉碎机有 2 种,一种是木材经由切片机切成具有一定规格的木片,再经过粉碎机将木片粉碎成一定粗细度的碎木屑;另一种是组合式的,具有切片和粉碎两种功能,即将木材送进料口,经切削和粉碎,加工成的颗粒碎屑就从底筛排出机体外。组合式的粉碎机耗能低,生产率高,使用方便。山区、出木材的地方,为了生产方便可购此设备。平原、丘陵地区不需要专门购置木材来加工,可以与加工单位定购阔叶树种的粗、细木屑。

(2)搅拌机　是将培养料搅拌均匀的机械。食用菌的培养料是根据配方,将各种物料按一定的比例加水均匀搅拌而成。搅拌机有不同的型号,常用的机型均为卧式的,有单轴叶轮式和单轴螺旋式 2 种,是由电动机、齿轮、三角皮带传动系统、离合器、搅拌筒(室)、搅拌轴等组成。有的有加水斗和卸料小车。用搅拌机搅拌的培养料混合均匀,减轻了劳动强度,工作效率高。在工作条件较差的食用菌厂,往往采用人工拌料,只要工作认真,培养料也可以混合均匀,但是拌料时灰尘大,劳动强度大,工作效率低。

(3)装袋机　将培养料装入塑料袋的机械。生产中均采用螺旋挤入式装袋机。机体由机架、喂料装置、螺旋输送器、电动机等部件组成。有的装袋机带离合器,一般采用不带离合器的比较方便。套筒不断出料,装完一袋后迅速将空袋套上,装料松紧度,以手托料袋的挤压力控制。有的装袋机只有一种规格的套筒,有的备有几种型号的套筒,可以根据筒料的直径选择换用。该机每小时可装 800 袋。此外,还有自动化冲压装袋机等。

(4)装瓶机　是将培养料装入料瓶的机械。生产上采用的均为螺旋挤入式装瓶机。全机由机架、喂料装置、螺旋输送器、传动操纵系统、电动机等组成。送料过程与装袋机相似,由脚踏板的踩住或放松来控制离合器。一般每小时可装 400 瓶。此外,还有自动装瓶机、装瓶装袋两用机等。可根据菌种厂的需要以及经费情况来选购。

(5)运输车　在制瓶(袋)菌种时,料瓶(袋)从配料室运送到灭菌锅,灭菌结束后,又将无菌的料瓶(袋)运送到冷却室,冷却的料瓶(袋)运送到接种室,接种后运到培养室,每一步工作都离不开运输车。有菌区的运输车不能借到无菌区使用,必须分开备用。无菌区的运输车应该经常用药剂消毒。前两步操作的运输车可用较大的手推车运输,但是从冷却室到接种室再到培养室的运输车应为四轮式的小型推车,可根据排放瓶(袋)的方式和数量自行设计,要方便女工单独操作。

(6)塑料袋和菌种瓶　制种用的塑料袋可分 2 大类。一类是已制成的塑料袋成品。这种成品塑料袋有平底和折角 2 种,分不同宽度、长度、厚度各种规格。另一类是筒料,主要分宽度、厚度各种规格。产品的原材料分聚丙烯和低压聚乙烯 2 种。前者用于高压灭菌,常压灭菌多采用低压聚乙烯产品。

生产原种多采用高压灭菌,用折角的聚丙烯塑料袋,厚度为 0.05 厘米规格的较为合适。

生产栽培种如果用高压灭菌,也应选用聚丙烯筒料,厚度为 0.05 厘米规格;常压灭菌则可选用低压聚乙烯筒料,厚度为 0.04～0.05 厘米。用筒料制种,裁剪的长度可根据需要来确定。购买塑料袋是以只为单位;筒料是以吨为单位。按照所需要的规格,裁剪料袋的长度,计算出 1 千克筒料可以裁剪多少只塑料袋,从而得知所需购买筒料的数量。

菌种瓶,有质地为玻璃和聚丙烯塑料的两种,玻璃菌种瓶规格一般为 750 毫升。聚丙烯塑料菌种瓶有 850 毫升、900 毫升、1 000 毫升、1 100 毫升等规格。

(7)塑料环盖　有红、黑、白 3 种颜色的不同直径和高度的套环,有代棉塞盖和海绵塞盖等。

3. 培养基的灭菌设备　灭菌即在一定范围内彻底杀灭培养料及其容器中的一切微生物。灭菌的方法和设备因灭菌的对象不同而异。培养基的灭菌主要采用湿热灭菌法。湿热灭菌设备是菌种生产中最常用而且必不可少的灭菌设备。它是利用潮湿的热空气来进行灭菌的。

湿热灭菌设备分为高压灭菌锅(高压蒸汽灭菌锅)及常压灭菌锅(常压蒸汽灭菌锅)2 大类。

(1)高压灭菌锅　可分为手提式、卧式、立式等数种。手提式的结构简单,使用方便,但容量较小,适用于试管培养基灭菌,每锅可放置 18 毫米×180 毫米规格的试管 150～180 支。卧式、立式灭菌锅容量较大,一般菌种厂多选用卧式高压锅,卧式的有方形的、圆筒形的。圆筒形的又有小型和大型的,有一头开门和两头开门的。如果菌种厂生产规模较大,选用卧式圆筒形两头开门的为好。这种高压锅在安装时一头朝向拌料装瓶(袋)车间,一头连向冷却室,菌种经过灭菌后直接进入无菌区。

双门卧式高压灭菌锅的装置除具有压力表、放气阀、安全阀等部件外,还有进水管、出水管、加热装置等。锅内底部安有轨道。料瓶(袋)放在铁筐内,由专用推车顺铁轨推进锅内,出锅也由铁轨拉出。操作方便,灭菌效果好,生产效率高,节省能源,但是高压锅的成本较高。

(2)常压灭菌锅　是将灭菌物置于常压灭菌锅(灶)内,以自然压力的蒸汽进行灭菌的方法。常压灭菌锅(灶)的种类多,本文仅介绍几种供参考。土蒸锅是最早采用的常压灭菌锅,自制方法简单,在大铁锅上用砖砌一方形(或圆形)蒸柜,蒸锅的顶部要用钢筋或 8 号铁丝扎成弧形网格,撑模板,再倒混凝土,内壁要光滑,顶部弧度尽可能大。灭菌时,锅顶产生的冷凝水能从弧顶流向两侧,流进锅内,蒸柜四周的墙角也应砌成弧形,便于蒸汽流动,防止死角。锅门为木质结构。锅体的水泥壁上端插有温度计。锅的一侧有补水装置。土蒸锅的建造要请熟练的工人根据灭菌原理来建造。第二种常压灶是用 4 毫米厚的钢板焊成长方形的锅身,锅的四边也用4毫米厚的钢板焊成1～1.5米高的围墙，锅的一端围墙上安有进、排水管，锅内墙1/3高处用角钢横向焊成主横梁架，以便架铺木条，此1/3锅底是用于盛水，供灭菌用，在放置灭菌料袋前，在木条上铺麻袋，麻袋上摆放料袋。码放料袋可高出钢板围墙，再在料袋上用0.06厘米厚、8米宽的塑料薄膜重叠盖上，再覆盖一层彩膜，上下四周用绳捆紧，使其不漏气。锅下是灶，灶身的长、宽度与锅身一致，灶内膛砌成回形火道，四角砌弧形，以防死角，烟囱与进火口同方向或反方向均可。这种灭菌锅是根据锅的大小砌灶，灶砌成后，再安放锅。这种常压灭菌锅由于钢板锅的容量大，灭菌过程中可以根据经验一次性加足水，锅内排放的料袋(瓶)多，灭菌效率高。灭菌结束后，就可解开捆扎的麻绳，揭开薄膜，散热快，便于工作人员操作。

简易常压灭菌锅，这是按照上述灭菌锅的原理构制的。锅身为圆筒形，底部是4毫米厚的铁板，周身用2～3个旧油桶打开后再焊接成圆筒形，与锅底焊接成整体。锅内留下盛水部分后，焊接主横梁架，铺木条，上盖麻袋即成。灭菌时，料袋码放可高出锅身的高度，上盖薄膜，用麻绳捆扎后即可点火灭菌。这种简易灭菌锅材料易得而且便宜，搭建简易，是当前个体菇农普遍使用的类型。

二、食用菌菌种制作技术

(一)食用菌菌种类型及生产程序

1. 菌种类型 食用菌菌种制作通常需要经过母种、原种和栽培种3个步骤。

(1)母种 采用人工分离的方法获得的纯培养物或者自可靠的专业单位购回的试管斜面菌种，移接到经过灭菌的试管斜面培养基上培养而成的纯种称为母种(一级种)。

(2)原种 用母种移接到经过灭菌的装有木屑、棉籽壳或粪草等固体培养基的料瓶(袋)中,经过适温培养而成的称为原种(二级种)。

(3)栽培种 用原种扩大繁殖而成的直接用于接种到段木、菌床或栽培袋上培养产生子实体的菌种称为栽培种(三级种)。有的地方称栽培种为生产种。

在生产规模不大,用种量少;或者临时安排生产制种时间太紧,为了缩短制栽培种的时间,也可以将原种直接用于生产,代替栽培种。用母种转接原种,由于试管斜面培养基在固体培养基上定植、扩大繁殖较慢,用原种接到栽培种上因为用种量大,定植容易,所以扩大繁殖速度快。

2. 生产程序 见图 3-3。

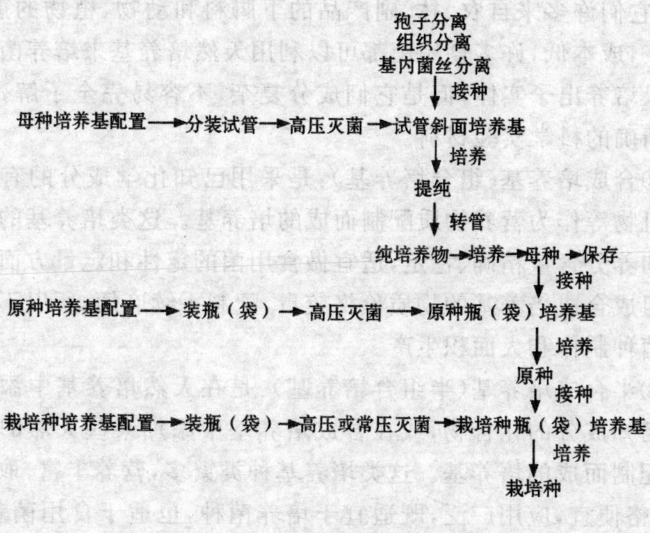

图 3-3 食用菌菌种生产流程

(二)培养基

培养基是根据食用菌类生长繁殖所需要的营养，人工配制而成的营养基质。各种菌类所需要的营养不同，所以培养基的种类也很多。

1. 培养基的种类

(1)根据培养基营养物质的成分　可以把培养基分为3大类，即天然培养基、合成培养基和半合成培养基。

①天然培养基：是采用化学成分未知或不完全知道的营养丰富的天然有机物质配制而成的培养基。这些天然有机物有的是植物性的，有的是动物性的。例如，马铃薯浸汁、玉米粉、大豆粉、麦麸、米糠、农作物秸秆、棉籽壳、木屑、甘蔗渣、麦芽汁、牛肉膏、禽畜粪等，它们许多来自农、林、副产品的下脚料和动物、植物的煎汁。来源广，成本低，许多食用菌都可以利用天然培养基来培养菌种甚至可以培养出子实体，但是它们成分复杂，不容易完全了解，不适宜作精确的科学实验材料。

②合成培养基(组合培养基)：是采用已知化学成分的有机物或无机物等作为营养物质配制而成的培养基。这类培养基的组成成分和养分含量精确、稳定，适宜做食用菌的定性和定量方面的研究。组成合成培养基的物质价格较贵，配制手续麻烦，所以不适宜用于菌种制作和大面积生产。

③半合成培养基(半组合培养基)：是在天然培养基中添加适量的已知成分的化合物，或在合成培养基中添加某些天然的有机物质配制而成的培养基。这类培养基种类繁多，营养丰富，取材容易，价格便宜，应用广泛，既适宜于培养菌种，也适于食用菌栽培。所以我们在食用菌菌种制作时常选用半合成培养基。

(2)根据培养基制成后的物理状态　可将培养基分为液体培养基、固体培养基和半固体培养基3种。

①液体培养基:这种培养基配制后呈液体状态。其营养成分分布均匀,菌丝能更好地吸收养料,生长迅速,菌丝产量高。在食用菌制种生产中常用于原种的生产,在食用菌深加工中生产某些食用菌、药用菌的菌丝体及其代谢产物也常采用液体培养基。一般小型生产采用摇床振荡培养,大批量生产采用发酵罐深层培养。

②固体培养基:是在液体培养基中加入一定量的凝固剂使之固体化而成为固体培养基。常用的凝固剂有琼脂、明胶、硅胶等,在食用菌菌种生产中,一般用琼脂作为凝固剂。琼脂又名洋菜,是从红藻中提取出来的一种多糖类物质,约含水 16%,灰分 4.4%,氧化钙 1.15%,氧化镁 0.77%,氮 0.4%。它具备了凝固剂应具备的基本条件。大约在 96℃融化,凝固点是 40℃,呈微酸性。在制食用菌试管种时,琼脂的添加量一般为 2%,根据季节不同也可以有所增减,冬天为 1.5%~2%,夏天为 2%~2.5%,保藏菌种常用 2.5%~3%。

琼脂的添加量又与琼脂的质量有关。有的厂家出产的琼脂颜色洁白,质地松散,凝固性较差;有的琼脂颜色略黄,质地较紧密,凝固性较好。购买时琼脂既要注意价格,更要讲究质量。

此外,以富含木质素、纤维素的木屑、棉籽壳、甘蔗渣、玉米芯、稻草等为主要原料,添加一定量的辅料(如麦麸、米糠、玉米粉),加水等配制而成的培养基,以及木签培养基、木块培养基、谷粒培养基等都属于固体培养基。

③半固体培养基:是在液体培养基中加入少量琼脂(0.2%~0.5%),使其成为半固体状态的培养基。这种培养基在食用菌菌种制作中很少采用。

(3)根据培养基的特殊用途　可将培养基分为基础培养基、加富培养基、鉴别培养基和选择性培养基等。

①基础培养基:是根据大多数食用菌需要的营养成分配制的培养基,又称为基本培养基。在培养某种食用菌时,只要在此培养

基中添加某种特殊需要的营养物质即可使用。食用菌制种的基础培养基是马铃薯葡萄糖琼脂培养基（PDA）或是马铃薯蔗糖琼脂培养基（PSA）。这种培养基适用于培养香菇、平菇、黑木耳、金针菇等各种食用菌菌种。如果在马铃薯蔗糖琼脂培养基中加入麦芽糖、栓皮栎木屑，这种配方更适合香菇、黑木耳、猴头菌的生长。

②加富培养基：是指加有某些动、植物组织提取液等高营养成分的培养基，常用来培养某些营养要求比较特殊的微生物。

③鉴别培养基：是指在培养基中加入某种试剂或化学药品，使不同微生物产生不同的反应，借以将它们区分开来。

④选择性培养基：是根据某一种或某一类微生物的特殊营养要求，在普通培养基中增减变更某些化学成分或改变 pH 值，使之有利于所需要的微生物生长，抑制或杀死其他微生物，从而达到分离的目的，如青霉素、链霉素等抗生素对细菌有抑制作用，但对食用菌生长发育无影响。因此，在食用菌菌种分离、纯化等工作时，在斜面或平板培养基上加入青霉素、链霉素等抗生素制成选择性培养基，可以排除细菌的污染。

以上 4 种培养基中，加富培养基和鉴别培养基在食用菌常规菌种制作中一般很少采用。

2. 培养基的配方 根据食用菌对营养的需要，按营养物质的成分和比例将其组合起来。天然物质如木屑、棉籽壳、稻草、米糠、麦麸、马铃薯等，化学物质如硫酸镁、磷酸二氢钾、磷酸氢二钾、糖、尿素等，组成成分一般用重量比来表示。不同品种的食用菌对养分和酸碱度的要求不同，所以配方中成分各有异同。有些配方是前人经验的总结，也有些配方是人们根据当地原材料的来源，经过科学试验总结出来的。

母种一般采用以琼脂为凝固剂的半合成培养基，用试管作为容器。

原种和栽培种一般采用天然培养基，在其中加入一定量的糖、石膏、石灰、硫酸镁、磷酸二氢钾等半合成培养基，用 750 毫升玻璃瓶、塑料瓶或聚丙烯塑料折角袋、塑料筒料制成的袋子作为容器。

(1)母种培养基的种类和配制

①马铃薯葡萄糖琼脂培养基：马铃薯（去皮）200 克，葡萄糖 20 克，琼脂 20 克，水 1 000 毫升。简称为 PDA 培养基。如果将配方中的葡萄糖改为蔗糖，则简称为 PSA 培养基。这组配方适宜于培养各种食用菌菌丝，是广泛性的基础培养基。

②麦麸培养基：马铃薯（去皮）100 克，麦麸 50 克，蔗糖 20 克，硫酸镁 0.5 克，磷酸二氢钾 1 克，琼脂 20 克，水 1 000 毫升。适宜于木腐菌菌丝生长。

③木屑煎汁培养基：马铃薯（去皮）100 克，栓皮栎（或阔叶树）木屑 50 克，麦麸 50 克，蔗糖 20 克，琼脂 20 克，水 1 000 毫升（如果没有木屑，可用木片、细枝条代替）。适宜木腐菌菌丝生长。

④玉米粉培养基：玉米粉 40 克，蛋白胨 2 克，蔗糖 20 克，琼脂 20 克，水 1 000 毫升。适宜香菇、黑木耳菌丝生长。

⑤马铃薯麦麸培养基：马铃薯（去皮）100 克，木屑 50 克，麦麸 50 克，蔗糖 20 克，琼脂 20 克，水 1 000 毫升。此种培养基适宜香菇、黑木耳、金针菇、侧耳类菌丝生长。

⑥麦麸米糠培养基：麦麸 50 克，米糠 50 克，蔗糖 20 克，硫酸铵 1 克，琼脂 20 克，水 1 000 毫升。适宜黑木耳、猴头菌、灵芝、金针菇等菌丝生长。

⑦马铃薯黄豆粉培养基：马铃薯（去皮）200 克，黄豆粉 20 克，磷酸二氢钾 1 克，硫酸镁 0.5 克，维生素 B_1 10 毫克，石膏 10 克，琼脂 20 克，水 1 000 毫升。适宜于黑木耳、猴头菌、草菇、双孢菇菌丝生长。

⑧黄豆粉蔗糖培养基：黄豆粉 100 克，蔗糖 20 克，琼脂 20 克，水 1 000 毫升。适宜黑木耳菌丝的生长。

⑨马铃薯酵母膏培养基：马铃薯（去皮）200 克，蔗糖 20 克，酵

母膏5克，琼脂20克，水1 000毫升。适宜于草菇、双孢菇菌丝的生长。

⑩稻草汁培养基：稻草（切碎）200克，蔗糖20克，硫酸铵3克，琼脂20克，水1 000毫升。适宜草菇菌丝的生长。

⑪堆肥浸汁蔗糖培养基：堆肥（干）100克，蔗糖20克，琼脂20克，水1 000毫升。适宜双孢菇菌丝的生长。

⑫麦麸麦芽糖培养基：麦麸100克，麦芽糖20克，蛋白胨2克，磷酸二氢钾2克，硫酸镁0.5克，琼脂30克，水1 000毫升。适宜于银耳菌丝的生长。

⑬麦麸葡萄糖培养基：麦麸100克，麦芽糖10克，葡萄糖10克，硫酸铵1克，磷酸二氢钾1克，琼脂30克，水1 000毫升。适宜于银耳菌丝的生长。

⑭麦麸蔗糖麦芽糖培养基：麦麸100克，麦芽糖10克，蔗糖10克，蛋白胨2克，磷酸二氢钾1克，硫酸镁0.5克，过磷酸钙1克，琼脂30克，水1 000毫升。适宜于银耳芽孢萌发为菌丝体。

⑮马铃薯胡萝卜培养基：马铃薯200克，麦麸100克，胡萝卜30克，蛋白胨0.5克，蔗糖20克，琼脂20克，水1 000毫升。适宜于蜜环菌菌丝的生长。

以上培养基配方供菌种厂生产母种时参考之用。但必须注意配方中各物质的组合既要满足菌丝生长的需要，使菌丝生长迅速而健壮，又要考虑物料易得，而且价格便宜。

培养基配制方法：以马铃薯蔗糖琼脂培养基为例，先按配比称取各种物质。马铃薯削皮，切成片状或小块状，放入1 000毫升的水中煮沸半小时，煮至熟而不烂为度，用4层纱布过滤，将滤液补充水分至1 000毫升，在滤液中加入琼脂，用玻棒不断搅拌，加热使琼脂完全融化后加糖，并再次补足失去的水分，用pH试纸测定酸碱度。然后分装试管或三角瓶中，塞上棉塞，立即进行灭菌。配制的培养基要当天灭菌，勿过夜，否则培养基会发酸变质。

必须注意：一是如果配方中有马铃薯、麦麸，应该先煮马铃薯，25 分钟后再加入麦麸，同煮 5～10 分钟过滤。配方中有木屑或木片的，应先煮木屑或木片 20 分钟，再加入麦麸或玉米粉，或黄豆粉；二是加热过程中要不断搅拌，防止煮煳；三是糖、硫酸镁、蛋白胨、磷酸二氢钾等易溶物质待琼脂融化后再加入，继续加热 1 分钟即可；四是水分在加热过程中会不断散失，最终一定要补充水使其恢复到 1 000 毫升才能保证物质的浓度；五是猴头菌喜酸性基质，要求 pH 值为 4 的条件，在调节酸碱度时，可加入乳酸来酸化，但是必须在培养基灭菌后，在无菌室（箱）中，每支试管中用无菌吸管滴入一定浓度的乳酸溶液。事前，先用试管培养基试验，滴入多少滴所配浓度的乳酸才能达到要求的 pH 值，然后，才在大量试管中按量加入，最后再摆放斜面。如果在灭菌前酸化，培养基就不容易凝固。

分装试管：食用菌试管种一般采用 18 毫米×180 毫米类型的玻璃试管，用分装桶（即下口量杯）进行分装，可选用 2 000 毫升容量的搪瓷分装桶，下口用 20～25 厘米长的乳胶管连接，用止水夹控制流量，每支试管装培养基量为管长的 1/4，要趁热分装，避免培养基沾在试管口上。如不慎沾脏管口应用干净的湿布揩净，以防引起棉塞污染。

棉塞：一般用普通的棉花制作，经试验也可用腈纶棉制作，腈纶棉制成的棉塞容易烘干，并且不容易滋生杂菌。棉塞的长度以 5 厘米为宜，塞入试管时要紧贴管壁，两头光滑不留毛茬，松紧要合适，以手提棉塞不容易脱落为度，棉塞以 2/3 进入管口，1/3 留在管外为宜。外露的部分要便于手指能夹住为好，这样便于接种操作。

塞上棉塞的试管竖放在试管篓内，在试管口处用牛皮纸包扎，以防止灭菌时冷凝水打湿棉塞，经灭菌待压力下降后，趁热取出试管摆放斜面，斜面为管长的 1/3～3/5 即成。低温时摆放试管斜面，在试管上需盖上一层薄而洁净的棉被，使其温度逐渐下降。如果低温造成培养基快速降温,在试管壁上会产生大量冷凝水(图3-4)。

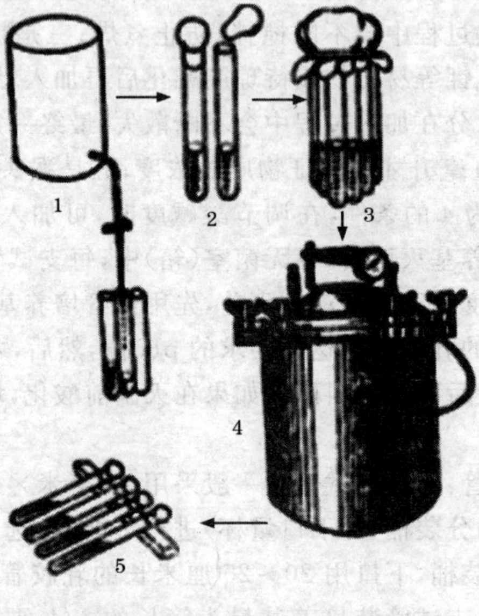

图 3-4 试管培养基配制步骤 (引自 林芳灿等)

1. 分装试管 2. 塞棉塞 3. 捆扎包好 4. 灭菌 5. 摆成斜面

(2)原种、栽培种培养基 食用菌原种和栽培种的营养要求基本相似,可以用相同的培养基配方。一般都是以天然有机物质加适量的无机盐类配制成半合成的固体培养基。在生产中根据不同菌类对主料要求的不同,大致可分为:一是以木屑、木片(块)为主料,加麦麸、米糠或玉米粉为辅料的木屑培养基,培养以香菇、黑木耳等为主的木腐型食用菌;二是以棉籽壳为主料,加麦麸、米糠或玉米粉为辅料的棉籽壳培养基,培养除了香菇以外的如侧耳类、金针菇、猴头菌等的木腐型食用菌;三是以粪草为主料,加麦麸或米糠等辅料的粪草培养基，培养双孢菇、草菇等草腐型食用菌；四是以谷粒（如小麦、玉米等）为主料，配以木屑、石膏粉的谷粒培养基，培养木腐型和草腐型的食用菌。

原种和栽培种的各类培养基含水量均为55%～60%，草菇培养基要求pH值为7.5～8，猴头菌的培养基要求pH值为4，其余各类食用菌原种和栽培种培养基的pH调至微酸性，一般为6～6.5。

原种和栽培种培养基的种类和配制如下。

①木屑麦麸培养基：木屑（阔叶树）78%，麦麸（或米糠）20%，石膏粉1%，蔗糖1%，含水量60%（即料：水=1：1.3～1.5），pH值为6～6.5。适宜于各种木腐菌如香菇、黑木耳、猴头菌、金针菇、银耳等菌丝生长。

②棉籽壳培养基：棉籽壳88%，麦麸（或米糠）10%，石膏粉1%，石灰粉1%，含水量60%～65%（即料：水=1：1.7～2），pH值为6～6.5（草菇为7.5～8）。适宜于木腐型食用菌（除香菇之外）和草菇的菌丝生长。

③稻草麦麸培养基：干稻草（切碎的）80%，麦麸（或细米糠）18%，蔗糖1%，石膏粉1%，水适量，pH值为6～6.5。适宜于草菇、平菇、鲍鱼菇等菌丝生长。

④甘蔗渣培养基：甘蔗渣79%，麦麸（或细米糠）20%，石灰1%，含水量60%～65%（即料：水=1：1.2～2），pH值为6～6.5。适宜于毛木耳、金针菇、猴头菌以及平菇等的菌丝生长。

⑤粪草培养基：粪草（粪草比例为6：4堆积发酵15～20天）90%，麦麸（或米糠）8%，蔗糖1%，石膏粉1%，pH值为7～7.2，含水量62%～65%。适宜于双孢菇菌丝生长。

发酵方法：干稻草用水淋湿，然后一层草一层粪堆积起来，堆宽2米，高1.5米，长度不限。5～6天后进行翻堆，边翻堆边加入石膏粉，里外、上下的料要翻匀，以后每隔4～5天翻堆1次，共翻堆3次。经过15～20天，稻草成棕黄色时散堆，挑出稻草，抖掉粪块，将稻草晒干后切成3厘米长，即为粪草。配制培养基时，按配方翻拌均匀。

不发酵粪草培养基：稻草97%，石膏粉1%，蔗糖1%，过磷酸钙1%。配制时先将稻草切成2～3厘米长，用新鲜的猪、牛尿泡1夜，沥干水，使含水量为60%，再加入石膏粉、过磷酸钙和糖。含水量和pH值与前配方同。适宜于双孢菇菌丝生长。如果培养草菇菌种，pH值应为7.5～8。

⑥种木培养基：以阔叶树的木签、木块以及枝条等作为主料10千克，麦麸(或米糠)2千克，糖0.4千克，加水适量。或用5份种木，加入1份木屑麦麸培养基拌匀即可。

种木培养基配制方法：将种木浸于1%糖水溶液中煮沸30分钟，捞出沥水后与麦麸、石膏拌匀，随即装瓶、灭菌。种木培养基适宜于香菇、侧耳类等多种食用菌的菌丝生长。如果制作茯苓菌种，种木要选用松木片。用长满菌丝的种木接种。其优点是，发菌快，生产效率高，而且种木菌种不易老化，耐保藏。

⑦谷粒培养基：小麦(燕麦或大麦)98%，石膏2%；或谷粒93%，木屑5%，石膏粉2%。pH值为6～6.5。

制作方法：将谷粒过筛，除去杂质和破损的谷粒，置清水中浸泡12～24小时(如果气温高，浸泡的时间可缩短)，待谷粒吸足水分，捞起用水洗净后放入沸水锅里煮3～5分钟，使种皮发胀而不破裂，捞出沥水后，再与石膏粉拌匀，立即装瓶。

木屑麦麸培养基、棉籽壳培养基以及稻草培养基的配制方法基本相似。配制时，称取主料倒入拌料机桶内，再称取辅料和石膏粉倒入拌料机桶里，倒料时应分散倒入，避免集中在一个方向。将无机盐类和糖溶入一定量的水中，再向料的四周倒入，经搅拌均匀后即可装瓶(袋)。

装瓶(袋)的方法及要求：原种培养基的容器多以玻璃菌种瓶

为主,栽培种有的用玻璃菌种瓶,但多数用塑料袋。

装瓶:培养基配制好以后将料铲成堆,在堆料的四周排放瓶子,用铁铲迅速向周围瓶子填满料,然后逐瓶用手或特制的铁质"L"形铁钩,将培养基向下轻轻压实,边压边填料,并转动瓶子,使填料均匀,装料的高度以齐瓶肩为宜,培养基的表面要平整,四周要紧贴瓶壁,上紧下松,松紧适度,过紧会通气不良,菌丝生长慢;过松则菌丝生长快,但稀疏无力。培养基装毕,用一根直径为1.5厘米粗的锥形木棒,在培养基的正中间打洞,一直下达到瓶底。以便接种后,菌种向四周蔓延,有利于菌丝迅速生长。打洞后用清水洗净瓶口内外(瓶子倒向垂直浸入水中,提上放下数次冲洗,再略倾斜,一边旋转瓶子,一边用手将周围沾上的料洗净),稍晾干,然后再用一层12厘米×12厘米正方形的聚丙烯塑料薄膜和外面加一层12厘米×12厘米正方形的牛皮纸扎瓶口,待灭菌。

装袋:制菌种用的塑料袋多选用17厘米×33厘米×0.05厘米的聚丙烯塑料折角袋,有的用筒料裁剪成需要的大小。折角袋装培养基的方法可用手工装料或装袋机装料,手工装料时要将折角拉好,边装料边用手压料,使培养基紧贴料袋,表面平整,上紧下松,松紧适度,底部平稳,培养基装毕后,用锥形木棒在培养基中间轻轻打洞,再将袋口抹干净,套环后,覆盖一层聚丙烯薄膜和一层牛皮纸,袋口用橡皮筋(能耐高温的)或绳子扎口。如用海绵套环就不需要再覆盖薄膜等。

(三)灭菌与消毒

灭菌与消毒是菌种制作工作中的重要环节,也是一项重要的操作技术,这是获得纯培养的必要条件。

灭菌与消毒的含义不同。灭菌是指用物理或化学的方法,在一定范围内彻底杀灭器物表面和内部的一切微生物。又称完全的灭菌。消毒是指用物理或化学的方法,消灭物体表面或环境中一部分微生物，保留所需要的微生物，即部分灭菌，也称简易非彻底的灭菌。

1. 常用的灭菌方法 常用的灭菌方法有物理灭菌和化学灭菌2大类。

(1)物理灭菌 是指用高温、辐射、过滤等物理手段杀灭微生物的方法。

①高温灭菌法：是利用高温杀死微生物的方法，又称为热力灭菌，它可以分为湿热灭菌和干热灭菌2种。

第一，湿热灭菌法是食用菌制种工作中常用的灭菌方法。其热蒸汽穿透力强，可以迅速引起微生物细胞中的蛋白质变性、凝固，它不需要干热灭菌那样高的温度。因为蛋白质变性与含水量、温度有关。在湿热条件下，微生物吸收水分，含水量大时蛋白质变性所需要的温度低；相反，含水量小时蛋白质变性所需要的温度高。所以湿热灭菌比干热灭菌所需要的温度低，效果高于干热灭菌(表3-1，表3-2)。制种工作中的母种、原种以及栽培种的培养基，分离工作中的无菌水等必须采用湿热灭菌。

表3-1 湿热与干热穿透力比较 (引自 张甫安)

方式	灭菌温度(℃)	加热时间(小时)	透过布层温度(℃)			灭菌结果
			20层	40层	100层	
湿热	90～105.3	3	101	101	101.5	完全灭菌
干热	130～140	4	86	72	70以下	不完全灭菌

表3-2 蛋白质凝固温度与其含水量的关系

卵蛋白质含水量(%)	50	25	18	6	0
凝固温度(℃)	56	74～80	80～90	145	160～170

湿热灭菌可分为高压蒸汽灭菌法、间歇灭菌法和常压蒸汽灭

菌法 3 种。

一是高压蒸汽灭菌法：将灭菌的物品（如培养基、无菌水、玻璃器皿等）置于密封的容器里，经过加温升压，水的沸点随压力的增加而提高，当水在密闭的加压灭菌器中煮沸时，加热使蒸汽在密闭的容器中不能逸出，致使压力不断加大，水的沸点和温度也随之增高，因而，可以获得比 100℃更高的蒸汽温度。高压蒸汽灭菌就是利用高压蒸汽产生的高温及其热蒸汽的穿透能力，达到灭菌的目的（表 3-3）。

高压蒸汽灭菌锅的式样有多种，但是它必须是一种特制的具有耐高压和可密闭的金属锅，除锅的主体部分外，还有压力表、温度表、安全阀和放气阀（排气阀）。压力表和温度表是表示锅内的压力及温度。放气阀是用于加热时排出冷空气，灭菌完毕后放出热蒸汽。安全阀是用于当压力超过规定限度时，安全阀可以自动排气。

表 3-3　蒸汽压力与灭菌温度的关系

压力		温度	压力		温度
磅/平方英寸	千克/平方厘米	(℃)	磅/平方英寸	千克/平方厘米	(℃)
1	0.070	102.3	20	1.406	127.2
5	0.352	108.8	22	1.547	128.1
10	0.703	115.6	24	1.687	129.3
15	1.055	121.3	30	2.109	134.6

注：1 英寸＝2.54 厘米；1 磅＝0.453 6 千克（下同）

高压蒸汽灭菌锅的操作步骤如下。

使用前，在加水口向锅内加入适量的水→然后将准备灭菌的物品放入锅内，带有棉塞或易受潮的物品，上面应覆盖牛皮纸等防潮物，锅内的物品不要放得太挤，以免影响蒸汽流通→盖好灭菌锅盖，锅盖要盖得端正，密闭不漏气→开始加热，锅内产生蒸汽后，待压力表的指针达到 10 磅/平方英寸(即 0.703 千克/平方厘米，115.6℃)时，打开放气阀，排出锅内的冷空气，3～5 分钟后，待冷空气排尽，再关闭放气阀(这时压力表的指针回到 0 位置)→待压力和温度达到具体要求后，恒温维持一定时间(按具体要求)，这时应注意勿使压力继续上升或下降→维持的时间达到即灭菌完毕，停止加热(关掉电源)→待压力降到 0 时，打开放气阀，排出残留蒸汽→慢慢打开锅盖，利用余热烘烤棉塞或覆盖的牛皮纸→取出灭菌物品。如果连续使用，要补足水分。使用完毕，应排尽锅内的余水，保持锅内干燥，以免生锈或形成水垢。

以上排气方法属于集中排气法，另一种是缓慢排气法，即在开始加温灭菌时就打开放气阀门，随着灭菌锅内的温度逐渐上升，锅内的冷空气逐渐排出，当锅内温度上升到 100℃，大量蒸汽从放气阀排出时，即可关闭放气阀，进行升压灭菌。固体培养基灭菌时可采用集中排气法或缓慢排气法。但是，液体培养基灭菌时一般不采用集中排气法，以免排气的力量太大，使液体培养基冲出瓶(管)口。

使用高压蒸汽灭菌锅时应特别注意：灭菌时灭菌锅内的冷空气必须排尽。若锅内留有冷空气，当灭菌锅密闭加热时，冷空气受热很快膨胀，使压力上升，造成灭菌锅内压力与温度不一致，产生假升压现象，致使灭菌不彻底(表 3-4)。

表 3-4　高压蒸汽灭菌锅中空气排出量与温度的关系

压　力	灭菌锅内温度(℃)				
(磅/平方英寸)	空气未排出	1/3 空气排出时	1/2 空气排出时	2/3 空气排出时	空气排尽
5	72	90	94	100	109
10	90	100	105	109	115
15	100	109	112	115	121
20	109	115	118	121	126
25	115	121	124	126	130
30	121	126	128	130	135

灭菌锅内的灭菌物品必须排列疏松，使蒸汽畅通，温度均匀，否则造成局部地方温度较低，形成温度“死角”，导致灭菌不彻底。

灭菌完毕，应缓慢排气减压。若排气减压太快，棉塞会冲出瓶口；液体培养基会突然沸腾，弄脏棉塞；如果是用塑料袋为容器装培养基时，应让其自然冷却，待压力下降到 0.5 千克/平方厘米时，再打开放气阀，否则，袋内外压力差会使塑料袋破裂。

为了防止棉塞以及灭菌物品受潮，在摆放灭菌物品时不要靠近灭菌锅壁，同时在灭菌物品上覆盖一层牛皮纸，或 2～3 层报纸，以避免冷凝水滴湿棉塞和瓶(袋)。

二是常压蒸汽灭菌法：是利用自然压力的蒸汽进行灭菌的方法。即在 1 个大气压、温度 100℃下灭菌。常压蒸汽灭菌灶(锅)形式多样。其优点是灭菌锅(灶)容量大，一般可排上千只料瓶或 1 000～2 000 只料袋。灭菌灶(锅)结构简单，可自行建造，成本低。主要缺点是灭菌时间长，能源消耗大。

常压蒸汽灭菌的操作方法：以最常见的油桶灶为例。首先在锅内装一定量的水，然后在隔板上铺一层清洗过的旧麻袋，再摆放料瓶或料袋，常压蒸汽灭菌多用于原种、栽培种或栽培袋的灭菌。排放瓶、袋时不要接触锅壁，料瓶的瓶口可采用一层聚丙烯薄膜加一层牛皮纸包扎。排放时瓶口对瓶口，瓶底对瓶底，料袋则采用一排直、一排横，呈“井”字形码起来。瓶袋排放不宜过密，以利于热空气流动。瓶袋摆放的高度视灭菌锅的容量而定，最后覆盖薄膜和彩膜，来回多盖几层，用绳捆紧，使其以不漏气为准。点火烧水，开始应大火猛烧，直至覆盖的薄膜高高鼓起，形似大气球，此时开始计时，维持 12～20 小时，灭菌时间视培养基的物质而定，同时也要考虑料袋的大小，料袋大，热气穿透慢，灭菌时间长。料袋小灭菌时间可短些。到达灭菌时间后开始熄火，待薄膜内的温度降至 50℃左右，揭开覆盖薄膜趁热出锅。

影响常压蒸汽灭菌效果的关键问题是自始至终要保持灭菌温

度 100℃，维持 12～20 小时。其次是料袋排放的方式以及灭菌锅内容量的多寡。

三是间歇灭菌法：是湿热灭菌方法的一种。主要用于一些不宜用 100℃以上温度而又欲杀灭其中的细菌芽孢等物质的灭菌。此法操作麻烦，完成的时间长。菌种生产一般不采用此方法。

第二，干热灭菌法是利用加热的高温空气进行灭菌的方法，又称热空气灭菌法。此灭菌法可分为火焰灭菌法和热空气灭菌法 2 种。

一是火焰灭菌法：是直接利用酒精灯的火焰烧死微生物。凡能经受灼烧的物品如金属制的接种针、环、铲、镊子、剪、勺、接种器等接种工具，可直接在酒精灯火焰上灼烧至红；接种时，试管口、菌种瓶口、三角瓶口也采用通过火焰而达到灭菌的目的。采用此种灭菌方法既彻底又迅速。

二是热空气灭菌法：是在电热干燥箱内通过加热，使箱内空气温度上升而达到灭菌的目的。常用的温度为 165℃～170℃，维持 1 小时。温度不能超过 180℃，否则纸张就会燃烧。灭菌后，当温度下降至 70℃时，才能打开箱门。如果高温时打开，玻璃器皿会因突然降温而破裂。用电热干燥箱灭菌，只适用于玻璃器皿和金属用具。玻璃器皿在灭菌前应洗刷干净，并且要擦干水分，否则灭菌时遇到高温玻璃就会破裂。培养基等含水分的物质不能使用干热灭菌法。

②辐射灭菌法：是利用波动或粒子在空间高速度运动产生的辐射能量进行杀菌的方法。辐射可分为电离辐射和非电离辐射 2 大类。α、β、γ、X 等射线属于电离辐射。紫外线属非电离辐射。前者需要专门设备，且价格昂贵，所以食用菌生产中很少使用。紫外线以 2 650～2 660 埃杀菌力最强。接种箱(室)每 10 立方米的空间安装 30 瓦(管长 100 厘米)的紫外灯照射 30 分钟，即可杀死空气中的微生物。但是由于紫外线的穿透力差，不易透过透明物质

(如玻璃),仅适用于空气和物体表面的杀菌,并且要求距离照射物体以1.2米为宜。关掉紫外线灯后,必须等臭氧气味消失后才能开始工作。

③过滤灭菌法:是利用机械阻留技术除去介质中微生物的方法,分液体过滤除菌和空气过滤除菌2种方法。在一般菌种生产中很少用这种方法,但是试管和瓶口所用的棉塞也是起过滤除菌作用。

(2)化学灭菌　常采用气体灭菌和药剂灭菌法来杀灭微生物。

①气体灭菌法:是采用某些化学药物能挥发产生具有强烈杀菌作用的气体,对空间和物体表面进行灭菌的方法。此法操作简单,即将灭菌的物品置于接种室、接种箱或其他密闭的空间,用加热、燃烧或氧化的方法,促使化学药剂气化扩散,从而达到灭菌的效果。食用菌生产中常用的气体灭菌药剂有甲醛(福尔马林)、硫黄以及用化学药剂配制而成的气雾消毒剂(用小纸袋分装的)。用40%甲醛进行空间熏蒸灭菌,按每立方米空间用高锰酸钾5克,倒入40%甲醛8毫升进行气化熏蒸。高锰酸钾是氧化剂,甲醛通过强烈的氧化作用而挥发。也可以用直接加热法,将量好的甲醛溶液倒入烧杯内,烧杯放于三角铁架上,下面放酒精灯,点燃酒精灯,立即关闭接种箱(室)的门,几秒钟后,甲醛溶液即沸腾挥发。硫黄是直接点火燃烧,使其产生气体来灭菌。气雾消毒剂使用更方便。小袋包装量为每袋2克,使用时,先将灭菌物品放入接种室(箱)内,每立方米空间的用量为1～2袋,视灭菌物品摆放的量而定。灭菌时,用打火机点燃纸袋的一角,纸袋开始燃烧,内装的化学药剂遇火起化学作用,而冒出浓烟,立即将纸袋放入瓷盘中,让其继续气化,关闭室(箱)门,熏蒸1小时后即可开始工作。化学灭菌法还可用于培养室和栽培室在使用前的灭菌。

②药剂灭菌法:是利用化学药剂来杀死或抑制微生物的方法。这些化学药剂在使用剂量大时,对微生物有杀死作用,使用剂量小

时,则仅起抑菌作用。常用的化学药剂有甲醛、高锰酸钾、臭氧、漂白粉、乙醇、石炭酸、煤酚皂液和新洁尔灭等。在食用菌制种工作中常用这些化学药剂喷雾空气,浸泡和洗涤物品。

2. 常用的消毒方法 消毒是指用物理和化学的方法,消灭物体表面或环境中一部分微生物,保留所需要的微生物。也称为部分灭菌或非彻底的灭菌。常用的方法有化学药剂消毒、沸水消毒、低温消毒、干燥消毒和渗透压消毒等。此处仅介绍化学药剂消毒方法。常用的消毒药剂及使用方法如下。

(1)甲醛 是常用的杀菌剂。它的杀菌机制是甲醛和菌体蛋白(包括酶)的氨基结合,使蛋白质凝固变性。常用的为37%~40%甲醛水溶液,是无色透明的水溶液,有强烈的刺激性气味和杀菌作用。用1:200倍甲醛溶液在6~12小时可以杀死所有的细菌芽孢并对真菌孢子有极强的杀伤力。在食用菌生产中,常用于接种室(箱)、培养室、菇房以及要求无菌的房间进行空间消毒。使用方法有喷雾和熏蒸2种。先关闭门窗,喷雾时按药:水=1:55的比例配成水溶液,用喷雾器向空中均匀喷雾,速度要快,从门的远处开始喷雾,逐步退出,以免药的气味刺激工作人员的眼、鼻、喉。使用熏蒸方法简便,前面已作介绍。甲醛溶液存放时间过长,容易出现白色沉淀,可加数滴硫酸溶解,也可将甲醛药瓶置于水浴锅中加热,沉淀遇热即溶解。

(2)苯酚(石炭酸) 是白色或无色,有特殊气味,有毒,且有腐蚀性,它在高浓度下可裂解并穿透细胞壁,使菌体蛋白质凝聚沉淀。在低浓度下,可使细胞的重要酶系统失去活性,能杀死细菌芽孢而对真菌孢子的杀伤作用不大。有乙醇存在时,药效降低。因此,不能与乙醇同用。在食用菌生产中常用5%浓度的水溶液对接种室(箱)的墙壁、地面、桌架、器具、工作服、空间进行喷雾消毒。它对人的皮肤有刺激性,可使皮肤变白,手指发麻并可损坏皮肤与黏膜。在使用时要避免溶液沾到皮肤上。5%溶液的配制方法:苯酚原为固体(结晶体),可将药瓶置于水浴锅中加热溶化,倒出溶化的原液 50 毫升,加水 950 毫升,搅拌均匀而成。

(3)酒精(乙醇)　酒精是最常用的消毒剂。它具有很强的渗透性,所以是常见的表面消毒剂。当乙醇分子进入机体细胞后,解脱蛋白质表面的水膜,使其失去活性,引起代谢障碍,同时破坏蛋白质肽键,使蛋白质凝固变性。在食用菌生产中,主要用于皮肤、器皿及种菇的表面消毒。使用浓度以 70%～75%的杀菌力最强,浓度过高,会使微生物表面蛋白质很快凝固形成一层膜,有碍于乙醇进入细胞,达不到杀菌的目的。乙醇对芽孢无效。用 95%乙醇配制成 70%～75%浓度可用水作溶剂。

(4)高锰酸钾(灰锰氧)　是深紫色结晶体,易溶于水。它是一种强氧化剂,通过强烈的氧化作用,使微生物的酶失去活性而引起死亡。在食用菌生产中主要用于皮肤、玻璃器皿、用具以及菌种瓶的外壁的消毒,并可与甲醛一起发生氧化作用气化挥发,有时也可拌在培养料中作消毒剂。使用浓度一般为 0.1%。高锰酸钾溶液易使接触的皮肤、衣物等染上紫红色,可用维生素 C 药片略蘸水搓洗去除颜色。

(5)新洁尔灭(溴苄烷胺)　是表面性杀菌剂。能改变细胞的渗透性,使微生物菌体破裂;破坏菌体内的各种酶系统;使蛋白质变性。它对细菌和病毒有较好的杀灭能力,但对真菌杀灭效果差,对细菌芽孢仅有抑菌作用。在食用菌生产中主要用于洗手、喷雾于空气中、各种器皿及橡胶制品浸泡消毒。一般使用浓度为 0.25%,作用 10～60 分钟。配制方法:量取 50 毫升原液(5%溶液),加水 950 毫升即成。必须注意:消毒的物品应先洗净再用新洁尔灭处理;不要与肥皂、洗涤剂同时使用;也不可与过氧化物消毒剂合用。此药应随配随用。如果溶液呈现黄色或产生较多沉淀时,应停止使用。

(6)过氧乙酸　为无色有强烈气味的透明液体,对皮肤、物品等有腐蚀性，易挥发，性状不稳定。主要是其强大的氧化能力破坏微生物的原生质和酶蛋白质，杀灭微生物。在食用菌生产中主要用于喷洒或喷雾接种室（箱），用2%的浓度（每立方米空间用药8毫升），作用时间30分钟；熏蒸接种室（箱）是将3毫升/立方米的过氧乙酸溶液倒入陶瓷、搪瓷或玻璃容器内，用酒精灯加热，使其挥发，密闭1～1.5小时即可；浸泡、擦拭用0.2%的浓度，作用时间1～2分钟。使用过氧乙酸时要注意用清水配制，随配随用；应贮存于通风阴凉处；由于它对皮肤、黏膜以及棉织品有刺激、腐蚀性，因此，使用时谨防溅到眼内、皮肤或衣服上，不慎溅及，必须及时用清水冲洗。

（7）漂白粉　为白色粉末状物质，有氯臭味，暴露于空气中、遇水和乙醇都易分解。它能使微生物菌体受到强烈的氧化作用而死亡。在食用菌生产中一般用2%～5%浓度的漂白粉溶液进行洗刷菇房的墙壁、床架、地面和用具等表面消毒。也可用1%的漂白粉溶液喷雾空间，在1～5分钟可杀死大部分细菌。漂白粉属重碱性，具有褪色和破坏纤维的作用，使用时不要触及衣服等纤维品，随配随用。

（8）来苏儿（煤酚皂溶液）　系黄棕色至红棕色黏稠液体，有酚臭，呈碱性，性质稳定耐贮存。其杀菌机制与苯酚相同，但杀菌能力较苯酚强4倍，对皮肤的刺激比苯酚小。在食用菌生产上一般用2%浓度（量取50%来苏儿40毫升，加冷开水至1 000毫升）擦洗接种室（箱）及用具，手臂浸泡2分钟，器皿以及菌种瓶外壁浸泡1小时进行消毒。

3. 无菌水的制作　无菌水又称灭菌水。在菌种分离中，常需要用无菌水洗涤子实体。因此，在配制培养基时要计划制作一些无菌水。但是无菌水保存的时间不宜过长。

制作无菌水方法简单。可以用洁净的无杂质、无沉淀的自来水、河水作为水源，不一定需要蒸馏水。将水灌进三角瓶或试管中，一般500毫升的三角瓶灌入250毫升水，塞上棉塞或盖一层聚丙烯薄膜，再覆盖一层牛皮纸，用绳线扎口，试管采用18毫米×180毫米的型号，灌水的高度为管长的1/4，塞上棉塞，放入试管篓内，上端用牛皮纸包扎，然后用1.05千克/平方厘米压力，温度为121.1℃，灭菌30分钟，冷却备用。蒸馏水未经过灭菌处理，不能代替无菌水使用。

4. 常用灭菌法灭菌效果的检验　这种检验包括对灭菌设备性能的检测和对某种培养基在预定的压力、时间下灭菌效果的检测。在灭菌容器的各个部位，随机取出2～3瓶灭过菌的培养基瓶(袋)，标明部位和日期(如左上角或下右角，前左上或前右上、中部等)，置25℃下空白培养5～7天，以检验培养基灭菌效果，如果在此期间培养基上没有出现任何杂菌，表明灭菌效果良好；或者培养基上出现了杂菌，就要确定是在灭菌容器何部位取出的培养基瓶(袋)，分析灭菌效果差的原因，是培养基瓶(袋)放置密度不利于热蒸汽通过，或是灭菌的压力、时间长短有问题，或是灭菌器材结构有问题？考虑是哪个环节上有问题。经过分析，找出原因，以利于改进。但是并不是每次灭菌后的培养基都需要检验。在使用新的灭菌容器时，开始检验1～2次，证明这种灭菌容器按现行的灭菌方法，能达到彻底的灭菌效果就行了。以后定期检验和维修。培养基的主料、容器及容量每变换1次，都必须检测灭菌效果。从而确定灭菌的操作规程。

(四)菌种的分离与纯化

食用菌在自然界常与其他微生物一起生存，用一种方法从周围的其他微生物群体中获得某一种我们需要的微生物亦即从众多的微生物中单独获得惟一所需的菌株的方法称之为分离。食用菌生产与其他农业生产一样，要获得优质高产的产品，就必须有优良的纯菌种，这是食用菌制种技术的首要环节和技术核心。

所谓的纯菌种就是在分离获得的培养物中只存在1种菌的菌丝和孢子。通过分离、纯化得到纯培养物的过程，就需要建立严格的“无菌”概念，掌握严格的无菌操作技术，这是一项责任心强、认真细致的工作，在菌种制作的每一个环节都要严格把关，以保证分离的成功。

食用菌通常采用的分离方法有孢子分离法、组织分离法和基内菌丝分离法等3种。

1. 分离前的准备工作 分离工作要在无菌的条件下进行，这样才能使分离获得成功。首先要对接种箱和所用的器具进行彻底消毒和灭菌。如果用甲醛熏蒸就要在工作前1天或前半天，将所需要的用品（除供分离的耳、菇之外），放进接种箱内进行药剂熏蒸。倘若用气雾消毒盒进行熏蒸，只需在分离工作前2小时进行熏蒸工作。操作人员要用肥皂洗手后，再用70%～75%的酒精棉球擦手消毒；也可以在2%浓度的来苏儿溶液中浸泡2分钟；或用0.25%浓度的新洁尔灭洗手。

分离工作所需要的用品如下。

（1）孢子分离法 三角瓶（内装灭过菌的培养基）、培养皿（内装灭菌纱布）、70%酒精棉球、解剖刀、小镊子、细铁丝（或细电铬丝）挂钩、酒精灯、三角瓶装无菌水、特种铅笔或标签、打火机（或火柴）、废液缸等。

（2）组织分离法 经灭菌的斜面培养基试管、灭过菌的培养皿（装分离材料用）、尖头小解剖刀、接种针、酒精灯、70%酒精棉球、打火机、特种铅笔或标签等。

（3）基内菌丝分离法 经灭菌的斜面培养基试管或平板培养基、解剖刀、解剖剪、镊子、接种针、70%酒精棉球、酒精灯、打火机、标签。如果进行耳（菇）木分离还需要小榔头、小钢刀。

2. 分离工作

（1）孢子分离法 这种方法是在无菌操作的条件下使食用菌

的孢子在适宜的培养基上萌发、生长成菌丝体而获得纯菌种。在分离时，一般采用有性孢子(担孢子与子囊孢子)分离法。并利用担孢子、子囊孢子有弹射作用这个特性来进行工作的。孢子分离法可分单孢分离法和多孢分离法2种。在菌种生产中一般采用多孢分离法。在常见的食用菌中，同宗结合的菌类，如双孢菇、草菇，由单孢子萌发的菌丝，可直接用作菌种。异宗结合的菌类，如香菇、木耳、侧耳类、金针菇等则不能用单孢子萌发生成的菌丝体作为菌种，而必须将不同性别的单孢子萌发生成的不同性别的有亲和力的单核菌丝进行交配，形成双核菌丝，才能用作菌种。

①种菇(耳)的选择：要选择优良品种中的优良个体作为分离材料。总的标准是选菇(耳)形端正、肥厚、健壮、色泽正常、未受病虫危害、八分成熟度的单生菇(耳)作种。例如，香菇，在出菇早而均匀的基质上选取，要求菇形圆整，菌盖肥厚，菌柄短而壮，八分成熟；种耳在出耳早，出耳多，出耳整齐的基质上选取，要求耳片肥厚朵大，健壮，黑色，无病虫害；双孢菇的种菇应在菌丝生长健壮、出菇均匀、长势好的出第一、第二潮菇的菇床上选取，要求菇形圆整，菌盖肥厚，菌柄粗短，色泽洁白，无病虫危害，八分成熟但菌膜将破尚未破裂时采收。

②孢子的采集方法：采集孢子的方法很多，有孢子弹射法、菌褶涂抹法、孢子印分离法、空中孢子捕捉法等。

第一，孢子弹射法。根据食用菌子实体的不同形态结构，采集孢子的方法有整体插菇法、钩悬法和贴附法。

整体插菇法：这是伞菌类食用菌的孢子采集的方法，如香菇、金针菇、双孢菇、滑菇、草菇等均可采用此方法。这种方法要有一套收集孢子的装置，即由玻璃盘(或瓷盘)、培养皿、铁丝支架、有孔钟罩等组成。这些物品先用牛皮纸包好，通过高压蒸汽灭菌后备用。整体插菇法的操作步骤：将经灭菌的孢子收集装置放入接种箱内，与接种工具一起进行接种箱的熏蒸灭菌→种菇在接种箱外先用70%的酒精棉球擦拭菌盖及菌柄进行表面消毒→放进接种箱→紫外线照射15分钟可对菌褶进行消毒→菌褶朝下将菌柄插在铁丝支架上(形似伞状)→放在培养皿中→再将培养皿放在铺有消毒纱布的玻璃盘(或瓷盘)中→加盖玻璃钟罩→向纱布倒入一定量的无菌水,以湿润纱布,保持湿度→第二天孢子大量弹射到培养皿底部(也可以先在培养皿中放滤纸条,孢子弹射在滤纸条上)→在无菌的条件下取出种菇和铁丝支架→培养皿盖上后贴标签,写明分离物的名称、分离日期,倒置于4℃冰箱中保存备用,如果用滤纸条接受孢子的,可将滤纸条装入经灭菌的小试管(或指形管)中,置于干燥器数天后于4℃下保存备用(图3-4)。

图3-4 孢子收集器

1. 消毒棉塞 2. 玻璃钟罩 3. 种菇 4. 培养皿
5. 瓷盘 6. 浸过升汞水的纱布

钩悬法:木耳和银耳多采用钩悬法收集孢子。例如,黑木耳的孢子收集,将50毫升或250毫升的三角瓶、铁丝挂钩、棉塞等用纸包扎进行灭菌后放入接种箱,放入镊子、剪子,经灭菌的培养皿(内放无菌纱布)、酒精灯、70%酒精棉球、无菌水、打火机、废液缸等用具，一起用药剂熏蒸→种耳的鲜耳片在接种箱外先用洁净的自来水充分冲洗→用消毒纱布吸干水分递进经药剂熏蒸后的接种箱内→操作者用酒精棉球对手进行表面消毒→用经过火焰灭菌的镊子夹住黑木耳的耳片用无菌水充分淋洗（用废液缸接水）。最后将耳片放在剩余的无菌水中振荡冲洗→用无菌镊子将耳片放在培养皿内的无菌纱布上；用纱布吸干耳片上的水分→如果耳片较大就要用经过火焰灭菌的剪刀将耳片剪成蚕豆大小→腹面朝下，背面朝上，钩挂到经过火焰烧灼而冷却后的铁丝钩上，悬挂在三角瓶正中，钩离瓶底 2～3 厘米，钩的一端挂在三角瓶口上→三角瓶口用灭过菌的棉塞塞上。放置 12 小时，黑木耳的担孢子就弹射到培养皿底部。用无菌操作取出种耳和铁钩，也可以事先在培养皿中放置无菌的滤纸条，担孢子弹射在滤纸条上，无菌操作取出种耳和铁钩，再将滤纸条置于无菌小试管中保存。有担孢子的三角瓶和小试管可在 4℃下保存备用。金针菇的菇盖较小，进行孢子分离时也常采用钩悬法。保存前，三角瓶和小试管上都要贴标签，写明分离物名称和分离日期（图 3-5）。

贴附法：在无菌条件下用无菌镊子在刚刚开膜的菌盖上取一小块成熟的菌褶，或一小块带菌褶的菌盖→用经过灭菌融化的琼脂，将分离物贴在无菌的培养皿盖上，或贴附在无菌的试管壁上→放置 12 小时，孢子就弹射在皿底或试管底部→用无菌操作取出分离物，盛有孢子的培养皿和试管贴标签后在 4℃下保藏备用。

第二，菌褶涂抹法。取成熟的伞菌子实体，切去菌柄的下部分，在接种箱内用 70％酒精棉球对菌盖和菌柄进行表面消毒→用经过火焰灭菌并冷却的接种环插入两片菌褶之间→轻轻涂抹菌褶表面，使孢子黏附在接种环上→用画线法涂抹在试管培养基斜面上或培养皿平板上，贴标签保存。应注意的是接种环不能接触到暴露在空间的菌褶或菇盖上，以免感染杂菌。通常用此法在野外采集食用菌孢子。

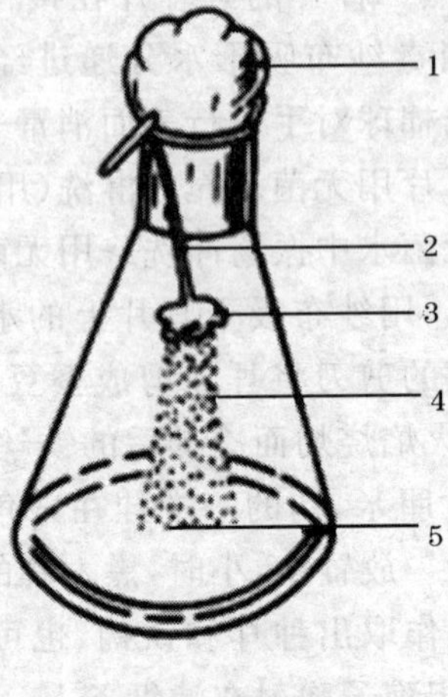

图 3-5　钩悬法采集孢子

1. 棉花塞　2. 铁丝钩　3. 小块种耳
4. 孢子弹射　5. 培养基

第三,孢子印分离法。取成熟的伞菌或木耳类胶质菌→经表面消毒,切去菌柄→菌褶朝下,如果是木耳类则应将耳片的腹面朝下,置于灭过菌的白色或有色纸上(白色孢子类的可放在黑纸或红纸上,有色孢子类可放在白纸上)→用通气钟罩罩上,在 20℃～25℃下放置 6～12 小时,大量孢子弹射在纸上,孢子印清晰可见。带有孢子印的纸装入无菌试管中(或无菌培养皿里)贴标签保藏备用。

第四,空中孢子捕捉法。伞菌如香菇、平菇等子实体成熟后,就有大量的担孢子从菌褶上弹射出来,在菌盖的周围形成“孢子云”→将无菌的培养皿平板或无菌的培养基斜面试管口对准“孢子云”飘动的上方,使孢子飘附在培养基上→迅速盖上培养皿盖或塞上棉塞→置于适温下培养。整个过程要求动作轻而迅速。

③多孢分离法:是用上述采集孢子的方法获得许多孢子,把许

多孢子接种在同一培养基上，让它们萌发成单核菌丝，自由交配，从而获得纯菌种，这是多孢分离法。这种孢子分离法，操作简单，没有不孕现象，在食用菌制种中应用较为普遍。具体步骤如下。

第一，孢子接种。将上述方法采集到的孢子，在无菌条件下，用冷却后的经过火焰灭菌的接种针，蘸取少许孢子，在马铃薯蔗糖琼脂培养基的试管斜面或平板培养基上画线接种。或将孢子用无菌水制成孢子悬浮液，用无菌滴管吸取孢子悬浮液，滴在斜面或平板培养基上，再用无菌接种针或无菌三角形玻璃棒涂布接种。

第二，孢子萌发和菌丝培养。将接种孢子的试管或培养皿平板置于20℃～25℃下（草菇是高温品种，孢子萌发和菌丝生长的温度为32℃～35℃下），培养2～3天，在培养皿平板的表面就会出现微小的星星点点的菌落。

第三，挑选菌落。不同品种的食用菌孢子，萌发的快慢不同，菌丝生长的速度不同，菌落的形态也有差异。当肉眼能观察到所需品种的菌落特征时，在孢子萌发比较稀疏的部位，用无菌接种针挑取单个菌落边缘的菌丝尖端，转接于试管培养基斜面上，1次多转接几支，待菌丝生长到一定时候，就进行筛选，选择菌丝生长速度适中，菌丝粗壮浓密，无杂菌污染的试管作为菌种。

第四，出菇试验。食用菌的菌种优劣是生产的关键问题，必须非常谨慎。为了保证母种的质量，除了肉眼观察菌丝生长情况，还必须进行出菇试验，进一步观察和测定其生物学特性，从中再选出生产性状稳定的优良菌株作为菌种。

④单孢分离法：为了进行杂交育种，从孢子中选择优良的单孢进行杂交，就必须进行单孢子分离。用两个优良的单孢子杂交，从而选育出新的菌种。挑取单孢子，在有条件的单位可用单孢分离器。否则，也可用平板稀释法、连续稀释法和毛细管法。此处仅介绍平板稀释法和连续稀释法。

平板稀释法：用无菌接种针挑取少许孢子放在无菌水试管中，

充分摇匀成孢子悬浮液，然后用无菌吸管滴几滴孢子悬浮液于培养皿的培养基平板上，用无菌三角形玻璃棒将培养基平板上的悬浮液推散推平，置于20℃～25℃下培养48～72小时，培养基表面就会出现多个分布均匀的单菌落。镜检平板背面，观察孢子萌发的情况，一般一个菌落为一个孢子萌发而成的，在培养皿背面用记号笔做好标志，当菌落形成明显的小白点后，在无菌操作下，用接种针将小白点菌落连同一小片薄薄的培养基一起转接到试管培养基斜面上，继续培养，待菌落长到1厘米左右时，进行镜检，观察菌丝上有无锁状联合，以便初步确定为单核菌丝。为了挑选优良的单孢进行杂交，每个菌株应培养一定数量的单核菌丝，编号备用。

连续稀释法：首先准备10支无菌水，其中1支为10毫升，9支皆为9毫升无菌水。用无菌接种针挑取少许孢子，洗入10毫升无菌水中，摇匀后用吸管吸取1毫升孢子液，放入第一支9毫升的无菌水试管中摇匀，再吸1毫升孢子液放入第二支9毫升无菌水的试管中，用此法操作，直到用低倍镜观察1个视野中每滴稀释液中只有1个孢子为止。然后用无菌吸管把孢子液滴在斜面培养基上，每管滴1滴，使孢子液顺斜面慢慢流下，在适温下培养，出现单个菌落时，立即用无菌操作方法，用接种针将单个菌落转移到新的斜面培养基上继续培养，镜检菌丝上是否有锁状联合，以便确定其是否为单核菌丝。每个菌株应培养一定数量的单核菌丝，编号备用。

杂交育种时选择不同菌株有亲和力的优良的单核菌丝配对，交配后形成双核菌丝，制成菌种后进行栽培品比试验，以便选出优良的杂交组合，制成菌种推广。

(2)组织分离法　组织分离法是利用食用菌子实体的部分组织来获得纯菌种的一种方法，是分离纯化伞菌、猴头菌以及各种野生的大型真菌的一种最简便的方法，属于无性繁殖，生产上常用此法来选择新品种、对栽培品种进行复壮，稳定其优良性状。

组织分离根据不同的分离材料，一般可分为子实体组织分离、菌核组织分离以及菌索组织分离 3 种。

①子实体组织分离法：种菇的选择：在头潮菇中选择单菇、菇形圆整、菌盖肥厚、大小适中、无病虫危害的优良个体作为种菇。

分离方法：切除菌柄基部，放入经灭菌的接种箱中，用无菌水冲洗几次→再用无菌纸或无菌纱布吸干水分→用 70%的酒精棉球进行表面消毒→用经过火焰灭菌的解剖刀在菌柄和菌盖中部纵切 1 刀→用经过消毒的双手撕开菌柄、菌盖→在菌柄、菌盖交界处的菌肉部位上、下各横切 1 刀→然后在横切范围内纵切 4～5 刀，即将菌肉切成 4～5 个黄豆大小的菌块（形似切豆腐）→用经火焰灭菌的接种针挑取 1 小块菌肉组织，放在试管培养基的斜面上→置于 20℃～25℃下培养→2～4 天后可看到组织块上长出白色茸毛状菌丝体，周围无杂菌污染，说明分离成功→转移到新的培养基上→在 20℃～25℃下经过 5～7 天的培养，菌丝长满斜面即为纯菌丝体菌种（图 3-6）。

出菇试验：所有的分离菌种一定要经过出菇试验，证明其具有优良性状，方可用于生产。

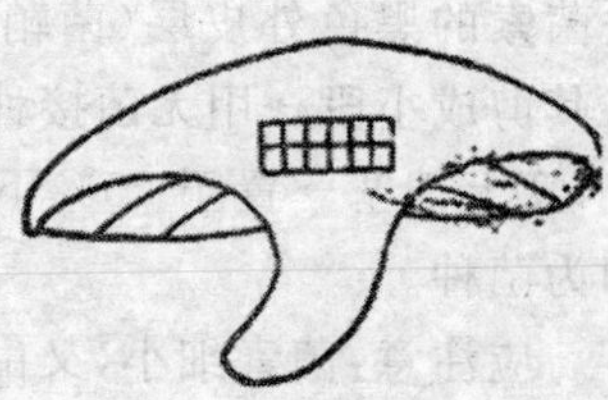

图 3-6　子实体组织分离法

菌盖小而薄的子实体，例如金针菇，分离菌盖挑取其中的菌肉有一定困难，可以用无菌镊子去掉菌盖，挑取菌柄上方的生长点作为分离材料。也可以将菌柄撕开，用无菌接种针挑取菌柄上方的菌髓作为分离材料。

组织分离时，解剖刀或接种针在操作时不能接触到子实体的菌褶以及其他的暴露部分，以免感染杂菌。

②菌核组织分离法：茯苓、猪苓、雷丸等的子实体不易采到，而它们的营养贮藏器官菌核容易获得，利用菌核进行组织分离，同样

可以获得该菌的菌种。

分离方法:把菌核表面用水冲洗干净→用滤纸或纱布吸干水分→放入无菌接种箱→用70%酒精棉球进行表面消毒→用无菌解剖刀切开菌核,取中间白色的组织一小块(比黄豆略大)→接种在试管培养基斜面上→塞上棉塞,置于25℃下培养→接种块萌发菌丝后,挑取生长粗壮、无杂菌的菌丝体转到新培养基试管中培养后即为菌种。

应该注意:菌核是贮藏器官,其主要贮藏的是多糖类的物质,菌丝数量较少,因此分离时挑取的组织块应略大,否则只挑到贮藏物质没有挑到菌丝,分离就不能成功。

③菌索组织分离法:蜜环菌、假蜜环菌一类大型真菌,在人工栽培条件下不易形成子实体,也无菌核,它们是以特殊构造的菌索进行繁殖,因此可用菌索作为分离材料。

分离方法:将菌索放入经灭菌的接种箱中→用70%酒精棉球在菌索表面黑色皮层处轻轻擦拭进行表面消毒→用无菌解剖刀除去菌索的黑色外皮层(菌鞘),抽出其中白色的菌髓→用无菌剪刀将其剪成小段→用无菌接种针将小段菌髓移接到试管培养基斜面上,塞上棉塞→置于25℃下培养→当菌丝长出后,经过转管提纯即为菌种。

应注意:菌索细小,又由于它常埋在土中生长,为了预防杂菌污染,在配制培养基时,应加入浓度为40毫克/千克的青霉素或链霉素,以防止细菌污染,提高分离成功率。

(3)基内菌丝分离法　从生长食用菌的基质中分离出菌种的方法,属于无性繁殖。凡是能从子实体上分离菌种的菇类一般不用此方法。然而菇体小而薄,或者胶质菌如木耳、银耳等用组织分离比较困难,常采用耳(菇)木分离或培养基质分离以获得菌种。

①黑木耳耳木分离:耳木的选择:采集供分离用的耳木必须在黑木耳子实体发生季节,选择幼龄而比较结实的耳木。如果是老

龄耳木或木质疏松的耳木容易有细菌和霉菌。另外，要选择子实体发生早，出耳多，出耳整齐，朵大、肉厚、色黑、生长健壮、无杂菌污染的新鲜耳木用作分离材料。

分离方法：选好耳棒，将其风干→在长有子实体，附近又有耳芽的部位锯下 1～2 厘米厚的耳木小段→去掉树皮以横断面分辨出有白色菌丝的地方作为分离材料→放入无菌接种箱→浸入 0.1%升汞溶液中浸泡 1 分钟→取出用无菌水冲去残留的升汞溶液（如果没有升汞，也可用 70%酒精棉球擦拭分离材料周围）。用无菌纱布将水吸干→放在无菌的培养皿内→用无菌的小榔头、解剖刀把木段劈成木片→选择长有白色菌丝的部位将木片劈成火柴棒大小，然后用无菌剪将其剪成米粒大小的木块→用接种针或无菌镊子将小木块接入试管培养基的斜面上，每支试管接 1 粒小木段→置于 25℃下培养→3～5 天后小木块上长出菌丝→挑取菌丝移入新培养基上纯化培养，即得菌种。也可以将小木块接入培养皿平板上，每个培养皿放 5 块，摆成梅花形，长出菌丝后，挑选菌丝生长健壮的部分转移到试管培养基斜面上纯化。镜检后进行出耳试验（图 3-7）。

②银耳的基质分离：耳袋的选择：选择出耳早、出耳整齐、朵大、开片好、淡黄白色、生命力强、无病虫危害的栽培袋（已摘去子实体）悬挂在通风的地方进行风干。

分离方法：风干后的栽培袋用 70%酒精棉球对栽培袋的表面以及耳基进行表面消毒→放入无菌接种箱内→选取最好的耳基，将培养料其他部分轻轻地分开弃去→在无菌操作下，切取耳基以下 3 厘米见方的培养料放入无菌培养皿内→用无菌接种针在耳基表层 1 厘米以下处挑取白色且较硬、较紧密的培养料 1 小块，移入试管培养基斜面上→在 25℃下培养 10～15 天，在培养基上出现白毛团并且分泌出红、黄色水珠时，选出生长健壮的试管进行扩大培养。

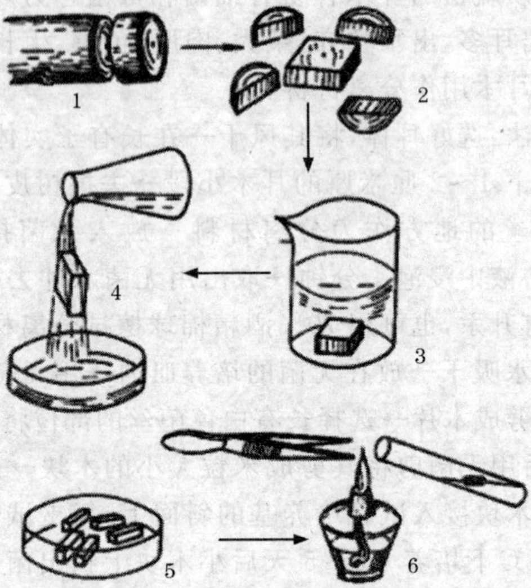

图 3-7 耳木分离方法

1. 种木 2. 切去外围部分 3. 消毒

4. 冲洗 5. 切成小块 6. 接入斜面

应注意：

第一，银耳菌丝生长的培养基是特殊培养基，其配方如下：麸皮 100 克，蔗糖 10 克，麦芽糖 10 克，蛋白胨 2 克，过磷酸钙 1 克，磷酸二氢钾 1 克，硫酸镁 0.5 克，琼脂 30 克，水 1 000 毫升，pH 值自然。如果采用一般培养基，在银耳菌丝的边缘会反复出现芽孢，影响菌丝生长。

第二，接种银耳菌丝的试管培养基斜面要较干燥，没有冷凝水。

第三，分离成功的银耳试管种直接用于扩大繁殖，不能反复转管。

第四，培养基内菌丝分离 1 次应不少于 100 支，以供选择。

(4)菌种的纯化 无论采取何种分离方法，所获得的菌种必须是纯菌种。凡存在任何杂菌以及非需要的其他菌的菌丝和孢子，都属于菌种的不纯，均应淘汰。在制种程序中，分离获得的菌种经纯化即为母种，母种质量的优劣直接关系到下一步扩大繁殖的成败。因此，分离工作是一项严格的操作技术，必须认真负责，层层把关。

菌种纯化方法：菌种纯化的方法很多，可以根据不同的材料和条件选择最合适的方法。常用的方法是将分离得到的菌种，在菌落的边缘用无菌接种针挑取先端菌丝，移植到试管培养基斜面上，在适温下培养。如此移植 2～3 次，即可达到纯化的目的。

(五)食用菌菌种的扩大繁殖与培养

1. 母种的扩大繁殖 纯化了的母种，如果用于生产，还要进行扩大繁殖后才能接原种。在生产母种时，1 次要繁殖培养一批试管种。每次使用其中的一部分，其余的保藏起来备用。这样可以避免 1 支试管多次转管繁殖。如果母种多次转管，容易造成菌丝老化，生活力下降，影响出菇的产量和质量。所以 1 支试管种转管繁殖的次数不宜过多。

当母种转管接种 7～10 天(不同的食用菌品种，菌丝生长速度不一样，如草菇菌丝生长速度快，黑木耳菌丝生长速度较慢)，菌丝基本长满斜面时，就可转管移植进行扩大培养。转管后的试管要及时贴上标签，写明菌名及接种日期。避免菌种混淆。扩大繁殖的操作步骤如下。

(1)接种器具的灭菌 将待接种的经过高压蒸汽灭菌的空白试管培养基及接种器具放入接种箱进行灭菌，点燃 1 包气雾消毒剂熏蒸 30 分钟。如果气温低，接种量小，灭菌的方法可用 5%石炭酸溶液喷雾，结合紫外线照射 30 分钟即可开始工作。

(2)表面消毒　母种试管在接种箱外用70%酒精棉球擦拭试管壁进行消毒，工作人员的双手也用酒精棉球进行表面消毒，然后从接种箱的袖口将菌种试管放进接种箱。

(3)接种针火焰灭菌　点燃酒精灯，在火焰上烧灼接种针和搁放接种针的搁架(用玻璃棒在酒精喷灯上将玻棒烧软后弯曲而成，也可用铜丝弯曲制成，形似笔架)。火焰的前端蓝色火苗是温度最高处，火焰周围空间为无菌区，烧灼接种针应先烧针头钩状部分逐渐将接种针垂直地在火焰上烧灼，等针头钩状部烧红才达到灭菌目的。再将接种针放在搁架上待用。

(4)试管口火焰灭菌　将菌种试管和接种用的斜面培养基试管夹在左手的拇指和食指之间，用中指托于其下，夹管时管内培养基斜面朝上，两试管口平齐，即两试管在手托时基本上是平放，管口对着酒精灯方向。再用右手的无名指和小指，先在火焰旁(无菌区)拔去母种棉塞，放在接种箱板上，让管口接近火焰，再用同法拔出被接种的试管棉塞，夹在指缝中不要放下，将两支试管的管口同时在火焰上通过，以进行管口的灭菌，再将两管口移至火焰旁1～2厘米的无菌区。

(5)转管移植操作　右手拿接种针，经火焰灭菌后，将接种针伸入菌种试管内，先把接种针的钩部在菌种培养基斜面的上端接触2次让其冷却，然后在母种斜面菌落的先端横划一线，切断菌丝及培养基，再在横线范围内纵划菌落数下，分割成5毫米见方、2毫米厚的菌落小块，用针尖轻钩挑小菌种块从试管内抽出，接入手中空白试管的培养基斜面的中部。抽出的接种针可继续拿在右手中，也可搁在架子上，最后塞上试管棉塞。分割菌种块可以如此逐步向下切取，每次可切取4～5块，每支母种斜面可接斜面培养基40～50支。接种时，菌种块下只带薄薄的一层培养基，接种针从母种试管内钩挑出菌种块再放入空白试管培养基斜面上，动作要轻而准确，不要把菌丝块沾到管壁和管口，如果钩出的菌种块不慎落在箱板上，就应弃去，不能再用作菌种(图 3-8)。

(6)塞棉塞　每接完 1 支试管，试管口要迅速在火焰上通过并在火焰旁塞上棉塞。棉塞如落在箱板上，可拿起在火焰上通过一下，再塞入试管口。如棉塞不慎着火，可立刻塞入管口，火焰会因缺氧而自灭。由于接种箱灭菌彻底，接种针不需每接 1 支试管都要在火焰上烧灼，操作熟练的接种人员通常每次接 20～30 支试管烧灼 1 次接种针。接种期间如果碰倒了点燃的酒精灯，火焰蔓延，接种人员一定要保持谨慎，及时用湿布扑灭。

图 3-8　母种接种操作

(7)恒温培养　接种后的试管种贴上标签后应放在 25℃的恒温中培养。冬天制种，试管种应放在电热恒温箱中培养。培养期间必须逐支检查 1 次，观察菌丝生长情况，如果菌丝生长稀疏、有杂菌污染的试管要及时剔除。

2. 原种的扩大繁殖　由母种扩大培养而成的菌种称为原种。培养原种的目的，就是将优质的纯化的母种，进一步扩大繁殖，增加菌种数量以满足制栽培种的需要。原种质量的优劣，直接影响栽培种。原种多以固体培养基如棉籽壳、木屑、农作物秸秆、麦粒、玉米粒等天然物质为主料，加麦麸或米糠、蔗糖以及无机盐类等辅料配制而成，盛器多用菌种瓶(玻璃质或塑料的)、罐头瓶或塑料袋。经高压灭菌后备用。1 支试管母种可接原种 5～7 瓶(袋)。有条件的单位，原种也可以是液体菌种。这是将母种接种在培养液中进行振荡培养或发酵罐培养(亦称深层培养)而成的。

(1)原种的接种　原种的接种菌种是母种，接种前对母种要选优，要求母种的菌丝生长具有该品种的特性、长势均匀、粗壮，洁白或具有本品种的菌丝色泽，无杂菌污染的试管种。接种操作必须在无菌条件下进行。接种前，将经过灭菌的原种培养基、接种器具放进接种箱进行药剂熏蒸，然后在箱外用70%酒精棉球对母种试管外壁擦拭进行表面消毒，随即通过接种箱袖口放进箱内。接种时，先用经火焰灭菌的接种针将母种的培养基斜面菌落分切成5～7块，再在酒精灯的火焰上打开已灭菌的原种培养基的瓶盖或棉塞，用无菌接种针挑起一块母种菌丝块（连同一层培养基），迅速放入原种培养基的表面正中部位（如果原种培养基的中间打了接种穴的，菌种应接入穴中），立即盖上盖子或塞好棉塞。这些操作都应在酒精灯火焰附近进行，以免感染杂菌。接种针在接种过程中，不能直接放在箱板上，而应搁在架上。每接完1支母种试管都应烧灼1次，再接另一支母种试管。

（2）原种的培养　接种后的原种取出接种箱时应每瓶（袋）都贴上标签，立即放在培养室进行培养。培养室要求干净，在待培养的菌种进室前对空室应用药剂熏蒸或喷雾消毒。培养的环境要求室温一般维持在20℃～25℃（草菇是高温品种，要求30℃～33℃），空气相对湿度为70%左右，注意通风换气，避光培养。高温季节要做好降温工作，避免因温度过高而造成菌丝生长速度极慢，甚至“烧菌”。低温季节要注意加温，避免因温度过低而抑制菌丝生长。菌种培养期间要加强管理，一般接种3～5天后，菌丝块恢复生长，并逐渐向纵深延伸。接种1周后应全面逐瓶（袋）检查，如有杂菌污染的瓶（袋），应及时淘汰，一般经30～45天的培养，菌丝即可长满瓶（袋）。作为代料栽培用的银耳原种，其菌龄应掌握在15天左右即应使用。

3. 栽培种的扩大繁殖　栽培种是以原种为接种材料扩大繁殖而成的。它是直接用于生产子实体的接种材料。通常又称为生产种或三级种。栽培种的优劣，对产量和质量有着直接的影响。制栽培种的容器仍是菌种瓶或塑料袋。它比原种的扩制量大，由于接种量大，一般多在接种室进行操作，有条件的单位，在干净的工作室里多设几个接种箱，接种效果更好。由于栽培种的制种量大，因此，制种成品率的高低与经济效益的关系极为密切。要提高成品率，应充分注意到以下几点：一是选用优质的塑料袋，防止塑料薄膜厚薄不均匀以及有砂眼；二是培养基灭菌要彻底；三是运输菌袋应轻拿轻放，防止碰破袋膜；四是原种要优质，无污染；五是接种室（箱）灭菌要彻底；六是严格无菌操作。

（1）栽培种的接种　接种时按无菌操作程序进行。将经过灭菌的栽培种瓶（袋）放进接种室（箱），进行药剂熏蒸，待药剂的气味挥发完毕后开始操作。选菌丝长势均匀、强壮、无杂菌污染的适龄原种，在接种室（箱）外用70%酒精棉球进行表面擦拭消毒，再由接种人员带进接种室或通过接种箱的袖套送进接种箱。先将原种的瓶口移向酒精灯火焰上，去掉盖子或棉塞，旋转瓶口，使瓶口周围都在火焰上通过一下，以得到灭菌。再用无菌长镊子除去原种表面的菌膜，然后用镊子取原种一块，接到栽培种的培养基上（或穴内）。盖上盖子（或棉塞），贴上标签，送到培养室培养。1瓶原种可接栽培种40～70瓶。

（2）栽培种的培养　培养条件及要求与原种基本一样。

银耳栽培种的接种方法与其他菌类不同，留待第四章介绍。

（六）食用菌菌种退化的原因及复壮措施

1. 菌种退化的原因　①菌种的内因即遗传性状发生了变化。任何生物种性不变或稳定是有一定期限的，变是永恒的，这是事物发展的规律。食用菌也不例外。在自然界互相杂交就引起了遗传性状的分离变化。②菌种生产过程中营养的缺乏，温度的变化以及杂菌的污染等，特别是病毒感染。此外，外界条件使某一菌株不能获得适宜的生长条件，从而使其失去优良性状。③某一菌株继代（转接）次数过多，使用时间过长，个体的衰老，引起生活功能的下降，逐渐失去其生产价值。

2. 菌种复壮的措施　根据退化的原因，采取相应的措施，使生活力和生产性状退化的菌种，提高或恢复到原有的优良性状。菌种复壮常用的方法如下。

(1)避免转管移植的次数过多　生产分离提纯的母种时，特别应注意的是，第一次接种的试管数量要多，以后每次转接母种时，只取用一部分原始种试管，多数原始种试管仍保存在冰箱里，留作分次使用。这样可以避免杂菌的污染。同时也可以减低菌种退化的速度。

(2)改变培养基的配方　培养某一菌种所使用营养成分的配方，每隔一段时间需要变换营养丰富的培养基的成分，能使衰弱的菌丝恢复健壮。

(3)定期组织分离　每年在第一潮子实体出现时，采集有代表性的子实体进行组织分离，经提纯的母种用于生产。在有条件的单位也可通过遗传育种的方法获得菌种的复壮。

三、食用菌菌种污染的原因及检验方法

(一)菌种污染的原因

菌种污染的原因都是同等重要的，忽略其中任何一个因素都会造成菌种生产的严重损失。因此，制种人员必须从思想上引起高度重视，树立无菌操作的概念，严格无菌操作，层层把关，才能搞好菌种生产。母种接种经过适温培养 3～4 天后就要逐支试管进行检查，以后隔 2～3 天再检查 1 次，直到食用菌菌丝长满试管培养基斜面为止。原种和栽培种在接种 1 周后开始逐瓶检查，以后每隔 3～4 天检查 1 次，直至菌丝封面。无论哪一种菌种，凡是发现有杂菌或害虫污染的，都应淘汰，绝不能含糊。菌种经过适温培养，在使用前还需要再做最后 1 次的检查。菌种污染的主要原因有：

1. 菌种带有杂菌和害虫 用于扩大繁殖的菌种带有杂菌和螨，用它们转接入新的培养基后，不慎将杂菌和害虫一起带入，引起一批菌种被污染。

2. 棉塞受潮或沾上培养基孳生杂菌 在配制培养基时，培养基沾在棉塞上，棉塞上长了杂菌就带入新的培养基上；或者培养基灭菌时棉塞受潮，遇到空气中的杂菌孢子，落到棉塞上萌发为菌丝侵入新的培养基；菌种保藏期间棉塞受潮，感染了杂菌，带入了新的培养基中。

3. 培养基灭菌不彻底 ①灭菌时没有放尽冷空气，产生假升压现象。②在到达灭菌的压力后维持灭菌压力的时间内中途压力有下降。③灭菌的瓶（袋）排放太密，热空气不易渗透进去，产生“死角”。④配制培养基时，包括拌料不均匀，内有干料颗粒，湿热灭菌时，湿热蒸汽难以渗透进去，也造成灭菌的不彻底。

4. 接种室（箱）灭菌不彻底 在接种完毕后，清理接种室（箱）不彻底，在缝隙处留有残渣孳生杂菌；或是接种室（箱）密封不严，杂菌随空气流动进入接种室（箱）。

5. 分离、接种操作没有严格按照无菌操作规程进行 ①接种室（箱）灭菌不彻底。②分离物及工作人员双手表面消毒不严格。③分离时接种针不慎接触到菌褶、菌盖表皮及其他暴露在空气中的地方。④接种针头在火焰上烧灼灭菌时，未经烧红就使用。⑤接种物不慎落在接种箱的台板上，再次用于接种。⑥未在酒精灯火焰的无菌区进行操作。⑦接种人员在接种室内经常走动，引起空气流动，造成扬起的灰尘污染等。忽视任何一个操作规程都可能引起杂菌污染。

6. 培养室内外的环境卫生不良 ①未及时清理、处理杂菌和害虫危害的瓶（袋）。②未定期喷洒杀菌和杀虫剂。③培养室离居住区、禽畜养殖场、饲料加工厂、仓库太近。

另外，根据菌种被污染的特征，分析感染杂菌和害虫的原因，以便采取有效的措施，总结改进工作，提高菌种生产的成品率。

(二)菌种污染原因的检验方法

1. 对照培养 接种1周后在栽培种的接种块上出现杂菌，而培养基的其他部位未发现任何杂菌，这可能是原种已被杂菌污染。由于这种原因造成的污染往往是从几瓶(袋)到几十瓶(袋)。如果难以判断原种和栽培种是否带菌，可有代表性地抽样检查，将原种或栽培种经瓶(袋)的表面消毒后，放入无菌接种箱内，菌种的瓶(袋)逐一编号贴上标签，再将待接种用的经灭菌的斜面培养基试管也编号贴上标签，无菌操作，将原种或栽培种随机取一小块接入试管培养基的斜面上，置于25℃恒温箱培养，3～5天后，如果在接种块上不出现杂菌，证明菌种是可用的。若出现杂菌就应淘汰。试管培养基营养丰富，配制简单，可以在短时间内得出检验结果，比接种于料瓶(袋)培养基上快捷方便。

2. 空白培养 在培养过程中，观察到瓶(袋)内培养基的上、中、下不同的部位出现杂菌，是由于培养基灭菌不彻底造成的。由于这种原因造成的污染，常常从几十瓶(袋)到几百瓶(袋)甚至成千瓶(袋)的损失。检查培养基的灭菌是否彻底，可对培养基进行空白培养。即在灭菌锅中挑数瓶(袋)已灭菌的菌种培养基，不进行接种，就放在25℃恒温箱中培养，如果培养基上出现杂菌，说明培养基灭菌不彻底。分析原因，加以改进。

3. 平板检验 在检查菌种时，发现接种块是完好的，而在菌种块以外的培养基表面出现杂菌，这可能是接种室(箱)消毒、灭菌的不彻底、操作工具、制种人员手等消毒不严格或棉塞太松，杂菌孢子从瓶(袋)口落入而造成的。另外，在菌种培养后期，有时在已长满菌丝的培养基表面出现杂菌，这是由于培养室的内外环境不清洁，空气中杂菌孢子量过多，菌种瓶(袋)的盖子或棉塞包扎不紧，杂菌孢子从缝隙侵入，造成了培养后期的污染。检查接种室

(箱)或培养室空气污染情况,可用平板检验法。用4个经过干热灭菌的9厘米直径的玻璃培养皿,倒入灭菌后的马铃薯蔗糖琼脂培养基制成平板。在培养室或经过灭菌的接种室(箱)内,打开3个培养皿盖子,分别经过5分钟、10分钟、15分钟后,再盖上培养皿盖子,另一个培养皿不打开盖子作为对照,倒置于25℃恒温箱中培养,3天后观察是否出现杂菌菌落。一般要求平板培养基开盖5分钟,每立方米空间含杂菌菌落数以不超过3个为合格。也可以用斜面培养基试管来检测,采取拔开棉塞,使培养基暴露在空气中30分钟,以不出现杂菌菌落为合格。如果要检验接种人员的操作动作是否会造成空气污染,可以在接种开始时,按上述方法打开培养皿的盖子,经5分钟、10分钟、15分钟等不同的时间段,直到接种结束再盖好盖子,可以检验出在不同的时间内,空气污染的程度。检验结果,如果空气中有杂菌存在,则根据污染的原因,采取相应的防杂措施。

4. 肉眼观察 棉塞上出现毛霉或根霉(俗称长毛菌)后来蔓延到培养基内,这往往是由于棉塞过于潮湿,容易孳生毛霉菌或根霉菌所致。

5. 扩大镜观察 如果菌种瓶(袋)壁有退菌现象或有微小的无色透明的虫子爬动,这可能是螨类为害,螨类可从太松的棉塞或盖子缝隙侵入。

四、食用菌菌种的识别及鉴定

菌种识别及鉴定的目的包括2个方面的内容:一是得知所分离得到的菌种或引进的菌种,是否为所需要的菌类品种;二是判别所得到的菌种是否为优良菌种。前者可通过肉眼或显微镜观察得出初步结论。后者通过肉眼观察只能说明该菌种是否被杂菌污染了或者老化了。如果用错了菌种,张冠李戴了,或者误用了被杂菌污染了或老化了的菌种，都会对生产造成极大的损失。但是，对于某一菌株的菌种，其生理性状如何？是不是高产优质的菌株？能否适应当地栽培，作为该地的当家品种？有些性状可以通过生化分析获得一些化学指标，如测定菌丝的呼吸强度；多酚氧化酶、木质素酶、纤维素酶、半纤维素酶的含量及活性，以及目前最常用于食用菌综合性状检测的同工酶测定。这些生化测定的结果，可供参考。以下主要介绍用肉眼和显微镜观察几种主要食用菌的菌丝特征，菌种质量的优劣，有助于制种工作人员把好各级菌种的质量关。

(一)食用菌母种的识别及鉴定

1. 用肉眼或扩大镜检查 不同品种的食用菌和药用菌，在培养基上生长表现的情况不同，可以从菌丝体的色泽、生长的速度和致密度，有无爬壁现象，菌丝老化时是否分泌色素以及在试管培养基上能否形成子实体原基等进行鉴别。现以 9 种主要的食、药用菌为例。

(1)香菇 菌丝白色，粗壮，呈茸毛状，平铺生长，生长速度中等偏快，在 24℃下约 13 天即可长满试管斜面培养基。略有爬试管壁现象，但是不同的品种爬壁能力不同。菌丝老化时不分泌色素。在冰箱内保存时，有的菌株可以在试管内形成子实体。

(2)黑木耳 菌丝白色，后略呈米黄色，似细羊毛状，在培养基上伸展时齐头并进，菌丝前端整齐，平铺，紧贴培养基生长，无爬壁现象，生长速度中等偏慢。在 28℃下培养，约 15 天长满斜面。菌丝老化后在菌落表面出现污黄色斑块，同时在培养基内分泌黑色素，使基质变成茶褐色。菌龄较长的母种，在培养基斜面的边缘或底部出现胶质状、琥珀状颗粒原基。

(3)双孢菇 菌丝白色，有时稍呈淡黄色，菌丝纤细、蓬松。由于品种的不同，可分为气生型菌丝和匍匐型菌丝两种。菌种分离的方法不同，形成的菌落也有差异。一般用孢子分离法萌发的菌丝，多呈气生型；组织分离法生长的菌丝，呈匍匐型。气生型菌丝生长旺盛，基内菌丝较发达，生长速度快；匍匐型菌丝，纤细而稀疏，贴在培养基表面呈索状生长，强而有力，但生长速度偏慢。菌丝在 23℃时，长满试管培养基斜面需 13～20 天，超过 28℃，菌丝生长受到抑制或发黄。菌丝老化时不分泌色素，并逐渐出现菌丝索。

(4)平菇　菌丝白色，浓密，粗壮有力，气生菌丝发达，爬壁能力强，不分泌色素。菌丝生长速度快，25℃左右 6～7 天即可长满试管培养基斜面。在低温下保存，试管斜面上能产生珊瑚状子实体原基。

(5)金针菇　菌丝白色，较粗壮，菌丝在生长初期稍蓬松，呈细茸毛状，稍有爬壁现象。生长速度中等，25℃左右约 13 天即可长满试管培养基的斜面。菌丝老化时，逐渐紧贴培养基，菌落表面产生色素呈现淡污褐色。低温下保存，试管培养基上极易形成子实体。金针菇母种一般在培养 7～9 天即可使用，时间稍长，其培养基斜面的顶端易产生稀疏菌丝。有的菌株培养时间较长时，在试管壁上会出现粉状物，这是由菌丝断裂后形成的粉孢子。

(6)草菇　菌丝纤细，淡黄色或银灰色，老化时呈浅黄褐色，粗壮而爬壁性强，多为气生菌丝，在试管培养基上生长显得蓬乱不整齐。菌丝生长速度快，33℃下培养 4～5 天即可长满试管培养基斜面。培养时间稍长时，在培养基的边缘开始出现红褐色小点，即厚垣孢子，厚垣孢子是菌丝细胞内原生质浓缩而成的无性孢子，由于厚垣孢子的产生，以至最后在培养基的表面形成紫红色。

(7)银耳　银耳母种有芽孢、银耳纯菌丝、香灰菌丝及银耳香灰混合菌种等几种类型。

①芽孢：是银耳的无性孢子，在普通的培养基上芽孢不能萌发为菌丝，而是不断繁殖为酵母状芽孢子，其菌落为乳白色，表面光

滑，半透明状，培养时间过长，菌落颜色变深，呈浅黄色。生长速度快，25℃下培养4～5天就可以长满培养基斜面。单纯的芽孢菌种不能产生子实体。

②银耳纯菌丝：白色，短而细密，菌丝先端生长整齐。在特殊培养基上可以由芽孢萌发而得到菌丝。如果培养基上有冷凝水，菌丝周围又会出现芽孢。银耳菌丝在适宜培养基上生长，开始呈直立（或斜立）松起状，形成毛茸茸的白毛团。生长速度极慢，日生长长度约1毫米，不分泌色素，培养一段时期后，在白毛团上会分泌白色或黄色水珠，并逐步形成小的耳芽。但是银耳菌丝分解木质素、纤维素的能力低，所以单纯的银耳菌丝在生产上没有使用价值。

③香灰菌丝：白色，短粗，呈羽毛状，爬壁能力强，生长速度快，6～7天可长满培养基斜面，3～5天后即分泌黑褐色色素，培养时间长就使培养基变成黑褐色。菌丝老化时，表面菌丝呈淡黄褐色，并出现炭质黑疤圈。香灰菌是银耳的伴生菌。

④银耳、香灰混合菌种：是菌种中同时存在银耳菌丝和香灰菌丝。经24℃培养，在培养基的接种块上，混合菌丝生长为一簇浓白、密集的菌丝团，此即为“白毛团”，其他部位均为生长均匀的菌丝体。白毛团分泌淡黄色至淡褐色的水珠，很快胶质化成为银耳原基。

（8）猴头菌　菌丝白色，接种块上开始萌发菌丝很慢，萌发后菌丝呈虚线状向四周放射状延伸。菌丝粗壮像细线索，紧贴在培养基表面，不爬壁，无气生菌丝。生长速度缓慢，在pH值为4的酸性培养基上培养，可以加快菌丝的生长速度，促使菌丝生长旺盛。分泌色素，使培养基呈浅棕褐色。菌丝老化时，易形成大小不等的原基，造成菌落表面粗糙不平。

（9）灵芝　菌丝白色，纤细，整齐，在培养基上匍匐生长，不爬壁，生长速度较快，在25℃下培养约10天即可长满培养基斜面。

此时，在菌落表面逐渐形成一层膜，形如石膏状，具韧性，分泌色素。菌丝老化时，菌落表面的中央部分呈淡黄色或浅黄褐色。

2. 用显微镜检查　镜检是检查母种的较可靠方法。但是镜检人员要掌握该菌菌丝形态的基本特征，才能够做出正确鉴定。

镜检观察的内容为：菌丝粗细是否均匀，分枝情况如何，有无锁状联合，锁状联合的形态、大或小、多或少，能否产生厚垣孢子或分生孢子等。

（1）香菇　菌丝粗壮而均匀，具隔膜和分枝，有明显的锁状联合，有的锁状联合顶部宽平，有的呈半圆形，大小不一。

（2）黑木耳　菌丝纤细，粗细不匀，有隔膜，分枝多，常呈根状分枝，长相屈曲，有锁状联合，锁状联合像骨节抱握状，其数量没有香菇那样多，镜检观察时也没有香菇的锁状联合明显。初次分离的母种，在培养基斜面上有时可见到马蹄状或钩状的分生孢子。

（3）双孢菇　菌丝有隔膜和分枝，形如腊肠状，不产生锁状联合。

（4）平菇　菌丝粗细不匀，分枝性强，有隔膜，锁状联合多而易见，锁状突起呈半圆形，大小不一，常在菌丝分枝处有两个锁状联合在上下垂直方向邻生。

（5）金针菇　菌丝较粗壮，粗细均匀，有隔膜，分枝多，有锁状联合。锁状突起半圆形，但是相当数量为半抱握状。半抱握膨起部分细胞质浓稠，相对部分则透明。

（6）草菇　菌丝粗壮，透明，但粗细不匀。有明显的隔膜，形如毛竹，节节分明。有多呈直角的分枝，无锁状联合。厚垣孢子圆形，常有红褐色的金属光泽。

（7）银耳　菌丝纤细，粗细均匀，有隔膜，也有锁状联合，但锁状突起小而少。

（8）猴头菌　菌丝粗壮，粗细较均匀，有隔膜，分枝性强，长相屈曲，锁状联合多而大。

(9)灵芝　菌丝较纤细，粗细均匀，有分枝和具锁状联合，且数量多，锁状突起为中等大小。据报道，灵芝菌丝表面有一层白色结晶物，生长很旺盛的菌丝上结晶物很厚，不但覆盖菌丝表面，而且充满了菌丝与菌丝之间的间隙。这种白色的结晶物是灵芝菌丝的分泌物，其成分是草酸钙。

(二)食用菌原种、栽培种的识别及鉴定

原种和栽培种的识别和鉴定的目的是鉴别该菌种是否感染了杂菌，并且通过细微地观察菌丝的生长形态，菌种的色泽，有无异常现象等来鉴别菌种的质量。有了优良的原种，才能生产优良的栽培种。这是栽培之前应把握的重要环节。以下介绍几种主要食用菌菌种质量鉴别的标准。

1. 香菇菌种　菌丝白色，粗壮，接种后在24℃～25℃下培养，菌丝生长速度快，在紧贴瓶壁的培养基上菌丝呈扇形羽毛状延伸发展，生长健壮有力。分泌深黄色至棕褐色水珠。后期在菌种表面结成一层褐色菌皮；菌种最适宜的菌龄应当是菌丝伸展到瓶底，再培养10～15天，在靠近瓶壁的菌丝柱上出现少量白色突起的子实体原基为好；菌种有一股香菇特有的芳香气味，未感染杂菌，无臭味。菌种瓶内菌丝柱与瓶壁脱离，表明菌丝柱开始萎缩；同时，菌种的表面菌皮增厚并变为深褐色，表明菌种已老化，应视老化的程度尽快使用或不予使用。

2. 黑木耳菌种　菌丝洁白，粗壮有力，像细羊毛，毛短整齐。菌丝的延伸是齐头并进。菌丝生长到瓶底，均匀，密集，上下一致；菌丝长满瓶后，一般会分泌浅黄色的色素。以后在瓶壁周围以及菌种表面出现浅黄色透明的胶质耳芽；菌种与瓶壁紧贴，瓶内壁上附有少量白色水珠，这样的菌种才是新鲜菌种。如果瓶底积有浅黄色、黄色、褐色液体，或者菌丝柱干缩，皆视为老化菌种，应予以淘汰；如果接种块在培养基上不定植，轻轻摇动菌种瓶，接种块就

在培养基表面上滚动，这可能是培养基太干；如果在适温下菌丝在培养基上长至一段就不再继续生长了，这可能是培养基太湿之故，选用菌种必须是菌丝长满瓶的适龄菌种。

3. 双孢蘑菇菌种　菌丝白色或淡黄色，密集，蓬松，呈细绒状，菌丝生长速度快，在培养基里生长均匀一致，具有蘑菇菌种特有的香味，可以确定它是优质菌种。出现很多发黄的菌丝索或瓶肩处的菌丝已萎缩，色泽暗淡的菌种，是老化菌种，不可用于生产，或在培养基上出现厚厚的黄白色菌被的菌种，生产性能差，也不宜使用；菌丝萎缩，吐黄水或严重徒长，以及被杂菌污染了的菌种，或在培养基上菌丝稀疏，难以伸展，甚至菌丝逐渐消失，这可能是螨害引起的，这类菌种，都必须淘汰。栽培种在25℃下培养60天左右的菌龄为适龄的菌种。

4. 平菇菌种　菌丝洁白，粗壮，密集，呈粗羊毛状向前延伸，爬壁性强，菌丝生长到一定时间，可与基质（如棉籽壳）结成均匀的花纹斑。一般在25℃下培养1个月左右，在瓶壁处的培养基柱上可形成珊瑚状的白色原基；如果培养基表面出现大量珊瑚状小菇蕾，或从瓶盖缝隙处长出子实体，说明菌种的菌龄已较大，应尽早使用。在用种时若有珊瑚状小菇蕾以及子实体出现，都应在无菌条件下予以剔除。若培养基干，瓶底处存积黄水，为菌种老化，不宜使用。菌丝在瓶中培养基上生长仅一半左右，而停止生长，此为培养基过干或过湿或因装瓶时压料过紧，菌丝难以向下延伸，而全瓶均未见杂菌污染，应当及时用掉已长满菌丝的那部分菌种，其余未长菌丝的培养基应弃掉，没有继续培养的价值。平菇菌丝生长速度快，抗逆性强，与其他菌种有所不同。

5. 金针菇菌种　菌丝白色，健壮，富有弹性，在24℃下培养25天即长满瓶的菌种为优质菌种；如果在菌种表面出现菌膜，在培养基与瓶壁空隙处出现子实体的菌种，只要除去菌膜和子实体，这种菌种仍可使用。若菌种干燥、菌柱收缩，或菌丝自溶产生大量红褐色液体，这种菌龄过长的菌种，不宜使用。凡有杂菌污染的菌种一律淘汰。

6. 草菇菌种 菌丝淡黄白色，透明，健壮，密集，分布均匀，有或无厚垣孢子(有大量红褐色厚垣孢子为小粒种，厚垣孢子少或无为大粒种)；如果在32℃下培养，培养基含水量适宜，菌丝新鲜，生长势强，为菌龄不超过20天的适龄菌种。如果瓶内培养基表面菌丝萎缩、凋零，培养料干缩的为老化菌种，不可使用。若菌丝洁白、浓密，则可能是杂菌的菌丝；菌丝稀疏或有溶菌现象，可能已有螨害，这类菌种都应淘汰。

7. 银耳菌种 银耳与香灰菌丝配比的比例正确，两者菌丝都纯净，表现在培养基表面形成洁白色、体大的白毛团。白毛团生长旺盛，有生气，能在一定时间内分泌淡黄色或淡红色水珠，并在最后形成耳芽。在白毛团下方，菌丝生长快，吃料深，生命力强的为优良菌种；香灰菌丝粗壮，分布均匀，后期在耳基下面出现束状分布，黑色疤圈多，而无其他色斑，表明此香灰菌丝生长良好；如果瓶内培养基表面上有香灰菌丝平铺其上，没有突出的白毛团，这种菌种不能使用。如白毛团很多，很小，并很快出现耳芽(15天左右)，说明已移植多次，菌龄老化，不宜做段木栽培的菌种，只可供瓶(袋)栽培菌种使用。菌种瓶内如有大量红褐色液体，或有杂菌或螨害的菌种，都不能使用。

8. 猴头菌菌种 菌丝洁白，浓密，粗壮，在培养基上生长均匀，易形成子实体，为优良菌种。如果菌丝生长很慢，生长势弱，可能与培养基酸度不够有关，应当测试调节；瓶内菌丝柱干缩或瓶底部积液，为菌种老化现象，此菌种不宜使用。

9. 灵芝菌种 菌丝白色，纤细，整齐，生长速度快，菌落表面逐渐形成具韧性的菌膜。瓶内菌丝柱干缩，且菌丝由白色逐渐变为淡黄色或浅黄褐色，瓶底积液，均为菌种老化不宜使用。

(三)食用菌菌种生产中常见杂菌和螨的种类及其防治

1. 常见的杂菌种类　引起菌种受污染的杂菌包括细菌、放线菌、酵母菌和毛霉科、丛梗孢科的一些真菌。细菌污染菌种后，主要造成培养基质腐败，抑制和阻止了菌丝的正常生长和蔓延，使菌丝萎缩，基质分泌黏液，从而产生腐烂的臭味。与食用菌争夺养料，抑制食用菌菌丝生长，造成菌种生产严重损失的主要杂菌是霉菌类，如青霉、曲霉、木霉、链孢霉、毛霉、根霉等均是菌种生产中的常见杂菌。

(1)青霉菌　青霉菌的菌落具有不同的色泽，常见的有绿色、黄绿色、青绿色或灰绿色等。营养菌丝无色、淡色或有鲜明的颜色，具横隔膜，埋伏型，或为部分埋伏型部分气生型，气生菌丝密毡状或松絮状，或部分结成菌丝索。分生孢子梗由埋伏型或气生型菌丝长出，单独直立或作某种程度的集合乃至密集为一定的菌丝束。无足细胞，分生孢子梗具横隔膜，顶端生有扫帚状的分枝，称

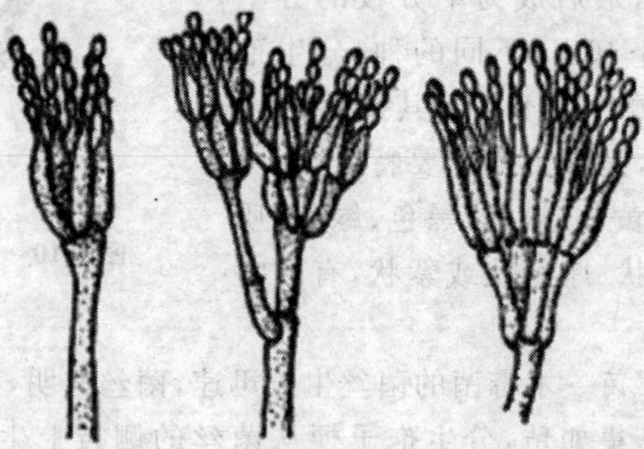

图 3-9　青霉的帚状分生孢子梗

1. 单轮型　2. 非对称型　3. 对称二轮型

为扫帚枝(图 3-9)。帚状枝是由单轮或两轮或多轮分枝系统构

成，对称或不对称，最后一级分枝为小梗，着生小梗的细胞叫梗基，支持梗基的细胞称为副枝。小梗上以断离法产生分生孢子，形成不分枝的孢子链。分生孢子球形、椭圆形或短柱形，一般呈蓝绿色，有时无色或带有其他淡色。菌落质地可分为绒状、絮状、绳状或束状等，多为灰绿色。

(2)曲霉菌　菌丝体发达，具隔膜，多分枝，无色或淡色。分生孢子梗是从特化了的厚壁而膨大的足细胞上垂直生出，多数无隔，不分枝，上部较粗大，顶端膨大成球形、椭圆形、半圆形或棍棒形的泡囊（或称顶囊），泡囊的全部表面以放射状生出单层或双层的小梗，如为双层，下面一层称为初生小梗或梗基，每个梗基上再着生 2 个或几个次生小梗。分生孢子自小梗顶端相继形成，最后成为不分枝的分生孢子链（图 3-10）。不同的种，分生孢子的形状、颜色也不同。其菌落的颜色多种多样，是分类的主要特征之一，最常见的是黄色、褐色、黑色、绿色，质地可分为绒状、厚毡状或絮状，有的略带皱纹。

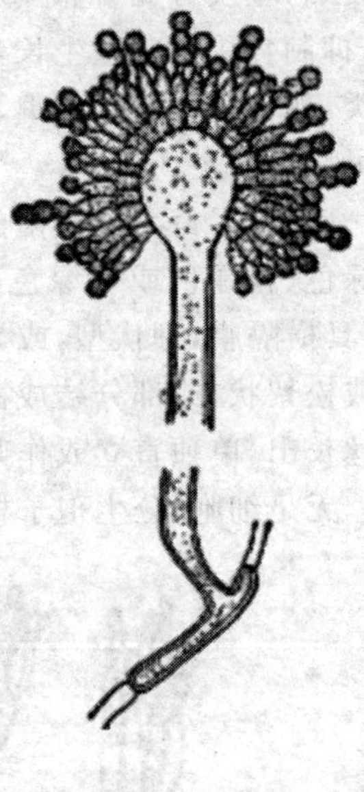

图 3-10　曲　霉

(3)木霉菌　木霉菌的菌丝生长迅速，菌丝透明，有横隔膜，分枝多，菌丝密集如毡，分生孢子梗从菌丝的侧枝上生长，直立，分枝，分枝角度呈锐角或几乎成直角，小枝常对生，末端即为小梗，分生孢子由小梗相继生出而靠黏液将它们聚成球形的孢子头。分生孢子近球形或椭圆形。危害食用菌最常见的为绿色木霉和康氏木霉。绿色木霉的菌丝无色，分生孢子梗有隔膜，垂直对生分枝，顶端细削，微弯，尖端产生分生孢子小梗，着生分生孢子4～12个。分生孢子球形，光滑，淡绿色。在试管琼脂培养基上，白色絮状菌丝很快占满试管，产生绿色分生孢子，并在培养基内分泌淡黄绿色色素。在原种、栽培种的培养基上出现的菌落初为白色，致密，无固定形状，以后从菌落中心到边缘逐渐变成浅绿色，最后变成深绿色。康氏木霉，菌落初期为白色，后变为浅绿色，在培养基内不分泌色素。分生孢子梗分枝很多，其主轴呈锐角长在菌丝丛上，旁边长出2～3组侧枝，侧枝上再产生次级分枝，次级分枝上着生瓶状分生孢子小梗，分生孢子椭圆形或短圆柱形，浅绿色至深绿色，很多分生孢子聚成球状或团状，着生在小梗顶端（图3-11）。木霉菌对食用菌菌种的危害表现在与食用菌菌丝争夺养分；分泌毒素，杀死、杀伤食用菌菌丝；能将食用菌菌丝缠绕、切断。木霉比青霉生长速度快，其分生孢子为绿色，青霉的分生孢子为灰绿色，这是两者的区别。在整个食用菌生产过程中都会受到木霉侵害。

（4）链孢霉菌　又称脉孢霉、红色面包霉菌。此菌繁殖快，蔓延迅速。菌丝白色疏松，网状，有隔膜。气生菌丝不规则地向空中生长，有分枝，顶端形成分生孢子链。分生孢子椭圆形或近球形，红色或橙红色（图3-12）。

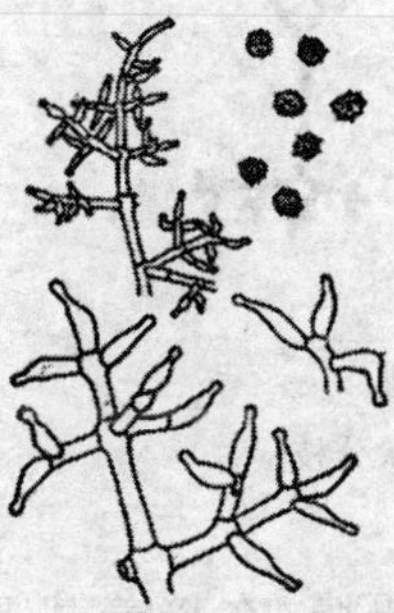

图3-11　木　霉

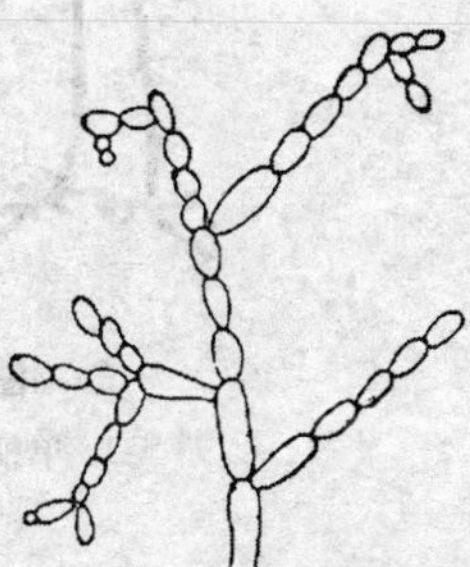

图3-12　链孢霉菌

培养基被其污染后，在基质上形成粉红色或橙红色的蓬松霉层。特别是受潮时，橙红色的霉(分生孢子)呈团状或球状长在棉塞外面，轻微地振动，分生孢子就会随气流扩散。

(5)毛霉菌及根霉菌

①毛霉菌：菌丝初期为白色，老熟后变为灰色或黄色。菌丝无隔膜，不产生假根或匍匐枝，直接由菌丝体长出孢囊梗。孢囊梗直立，单轴或假单轴分枝，顶生孢子囊。孢子囊大，球形，囊壁易消解或破裂；囊轴形状多样，囊轴与孢子囊梗相连处无囊托(图 3-13)。孢囊孢子球形、卵形或不规则形。单孢，多无色。毛霉菌的菌丝伸入培养基内，夺取养分，分泌毒素，影响菌丝生长。

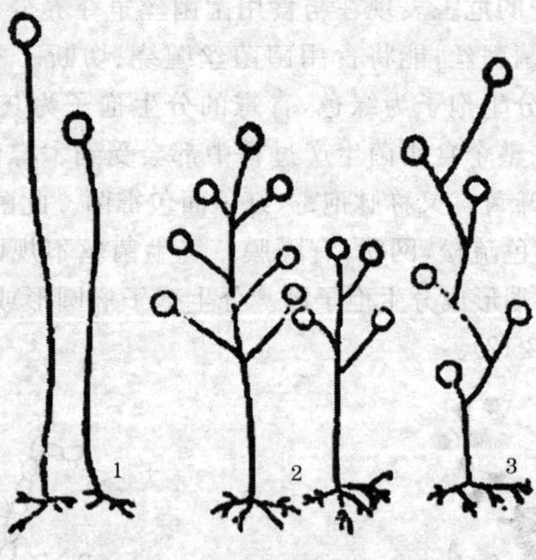

图 3-13　毛霉的分枝类型

1. 单柄　2. 总状分枝　3. 假轴状分枝

②根霉菌：与毛霉菌很相似。菌丝无隔膜，在培养基上生长时，由营养菌丝体产生弧形的匍匐菌丝，向四周蔓延，与基质接触处产生假根，与假根相对处向上长出孢囊梗，顶端形成孢子囊。孢

囊梗直立，不分枝。孢子囊内生孢囊孢子。孢子囊成熟后，孢囊壁消解或破裂。囊轴呈球形或近球形，囊轴基部有囊托（图 3-14）。孢囊孢子球形、卵形或不规则形，有棱角或有线状条纹，单孢。

毛霉菌和根霉菌的菌丝特别纤细，生长速度快，密密地布满在培养基的空隙处，在 48 小时内能产生大量黑色孢子囊，在培养基水分过大，或棉塞潮湿时发生严重。

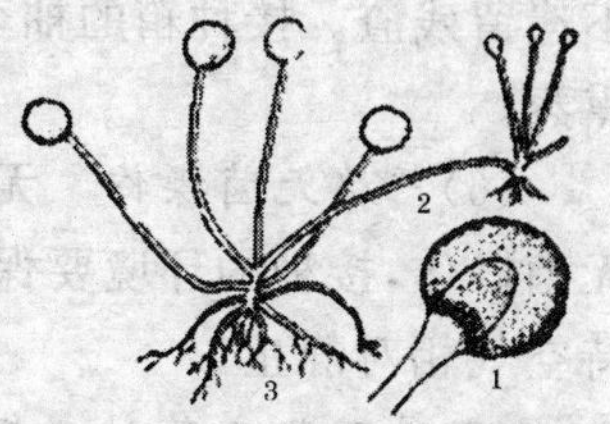

图 3-14　根　霉

1. 孢子囊　2. 匍匐枝　3. 假根

2. 杂菌的防治　造成菌种生产中杂菌污染的原因，前面已作介绍，主要是培养基灭菌不彻底；原种带有杂菌；接种室（箱）灭菌不彻底，接种时无菌操作不严格；棉塞受潮了；培养室及周围环境条件差等。杂菌防治应针对上述原因，采取相应的措施。

(1)原材料要新鲜、无霉变，未酸败　配制原种和栽培种的原材料要新鲜、无霉变。木屑、棉籽壳、米糠、麦麸等如果发现霉变结块的不宜使用。当天配料当天装瓶（袋）灭菌，绝不能放到第二天灭菌。在高温季节制种、特别是在制栽培种时，如果制种量大，制种时间较长，应该及时调节培养基的酸碱度，防止培养基变酸。

(2)原材料吸水、搅拌要均匀　配制原种、栽培种的培养基，拌料要均匀，特别在加水后，要使原材料吸水均匀。装瓶（袋）时，如果装进了干料颗粒，即使经过高温、湿热灭菌，湿热蒸汽难以渗透这些干料颗粒，造成灭菌不彻底。

(3)灭菌要彻底　高压蒸汽灭菌在上压前要放尽冷空气，为保证冷空气彻底排出，当压力上升到 0.5 千克时再放 1 次冷空气，待压力下降到 0 时再继续升压，上压后应保持规定的压力与时间。

常压灭菌应在 100℃ 条件下维持规定的时间，防止中途温度变化。

(4)冷却室干燥、洁净　冷却室要保持干燥和洁净。灭菌后的料瓶(袋)经冷却后在移入接种室前要进行表面消毒。

(5)接种室(箱)灭菌要彻底　接种后清理接种室(箱)要认真，不遗留残渣。接种箱的袖套要完整无破洞，按操作规程进行药剂熏蒸。

(6)严格无菌操作　无论是利用接种室或接种箱接种要严格无菌操作，接种的环境要保持安静，防止接种人员经常走动，以保持空气相对静止。

(7)选用优良菌种　接种用的菌种要选用生命力强、抗逆性强、无病虫危害的适龄的优良菌种。

(8)培养室内外环境卫生　培养室应干燥通风，保持室内外的环境卫生。定期检查菌种生长情况，及时剔除受杂菌污染的菌种瓶。定时喷洒杀菌、杀虫剂进行消毒。

3. 螨及其防治　螨(俗称菌虱)是食用菌菌种生产中常见的害虫。螨的种类很多，为害菌种的螨类主要有蒲螨和粉螨 2 种。

蒲螨体小，肉眼不易发现，大量繁殖时个体聚集在一起呈锈红色粉末状。粉螨体较大，肉眼可见其为白色透明发亮的圆点。螨类个体小，可以从棉塞或瓶口覆盖物(薄膜、牛皮纸盖等)侵入菌种瓶中取食菌丝，严重时可以将瓶中菌丝吃光，给菌种生产带来很大的损失。因此，在检查菌种生长时，如发现菌种瓶的瓶口菌丝有退菌现象时，应注意检查螨的为害。

螨类主要藏于仓库、饲料间、鸡舍、堆肥等处。在贮藏棉籽壳的仓库里螨类发生严重时，在墙壁、玻璃窗的玻璃上常可见到透明发亮的小圆点在爬行，在棉籽壳上可见到一堆堆锈红色的粉末状物。它们常伴随人的活动、空气流动而进入培养室。因此，制种场所尤其是培养室要远离仓库、饲料室(含饲料加工厂)、禽畜舍等。并定期在原材料(特别是棉籽壳)仓库、培养室内外喷洒敌敌畏溶液。

五、食用菌菌种的保藏

食用菌和其他生物一样，具有遗传性和变异性。根据菌种的遗传变异性和生理、生化特性，人为地采用干燥、低温、冷冻和缺氧等技术，使菌种降低代谢速度，使生命活动处于休眠状态，从而能较长期地保存菌种的优良性状，防止菌种死亡和衰退。这是菌种保藏的目的。目前采用的食用菌菌种保藏方法都是采用食用菌各菌株的双核菌丝作为保藏材料。通常采用斜面低温保藏法、自然基质保藏法、矿油保藏法、菌丝球保藏法和液氮超低温保藏法等。

（一）琼脂斜面低温保藏法

这是常用的最简便的保藏方法。只需要有冰箱而不需特殊设备。适宜于保藏各类菌种。

其方法是将菌种接种在适宜的斜面培养基上，在25℃～28℃下培养，当菌丝健壮地长满斜面时，即将此试管菌种从培养箱中取出，用硫酸纸包扎试管口，以防止杂菌污染，再放入4℃～6℃的冰箱中保藏。每隔6个月移植转管1次。草菇是高温品种，不耐低温，保藏温度应提高至10℃～12℃，否则菌丝易死亡。

用这种方法保藏菌种，虽处于4℃～6℃的低温下，但是食用菌菌丝的新陈代谢活动仍未停止，而试管里的培养基也容易失水而干缩，因此用这种方法保藏的时间较短，转管次数多了，菌种的优良性状就容易发生变异。为了延长保藏时间，可采用下列措施：①使用营养丰富的天然培养基，加大培养基的用量，增厚培养基的斜面。②加大琼脂的用量，将用量增加到3%，以减少水分的蒸发。③为防止菌种在保藏过程中产生的酸分积累过多，在配制保藏菌种的培养基时，可加入0.2%～0.3%的磷酸二氢钾或磷酸氢二钾作为缓冲剂。④为了减少培养基水分的散失和隔绝氧气，可以将试管棉塞齐管口处剪平，用石蜡封口，再包扎1层塑料薄膜，以延长保藏时间，或者用无菌胶塞代替棉塞。选择大小适宜的胶塞，洗净晾干，在70%酒精中浸泡1小时后用无菌纱布吸去酒精，在火焰上烧去残留的酒精溶液。在接种箱中，将试管口在火焰上烧灼灭菌，拔去棉塞，换上胶塞，再用石蜡密封，即可在冰箱中保藏。⑤菌种保藏一定时期需要转管，一般应调换培养基配方，以补充营养，使菌丝生长健壮。⑥保藏的菌种应分类摆放，尽量减少开启冰箱的次数。定期清除被杂菌污染的菌种。

保藏的菌种，在使用前应提前12～24小时从冰箱中取出，经适温培养恢复活力后才能转管移植。

(二)自然基质保藏法

1. 木屑保藏法 配料为78%阔叶树木屑，20%麦麸，1%蔗糖，1%石膏粉，加适量水拌匀，装入试管长度的3/4，稍按紧，洗净管口，塞上棉塞，放入铁丝篓，用牛皮纸包扎管口，在1.5千克/平方厘米压力下灭菌1小时，待试管冷却后接种、培养，待菌丝长到培养基的2/3时，取出用蜡封棉塞，再包上硫酸纸或薄膜，置于4℃冰箱中，能保藏1～2年。使用时，从冰箱中取出保藏的菌种，在室温下或25℃恒温箱中放置12～24小时，使菌丝恢复活力，再以无菌操作去掉培养基表面的菌种，挑取下面较新鲜的菌丝体(可带少许木屑培养基)，接入斜面培养基即可。此法适用于香菇、黑木耳菌丝体保藏。经试验，用木屑培养基保藏黑木耳菌种，在4℃的冰箱里保存了9年，试管里的木屑培养基已干缩有断层现象，但肉眼尚可见到黑木耳白色菌丝，经移植，菌丝仍存活。

2. 麦粒保藏法

(1)浸泡小麦 取无病虫害的新鲜小麦，淘洗后，在水温20℃下浸泡5小时，使麦粒含水量达25%为宜。

(2)分装试管和灭菌 麦粒稍加晾干，装入试管长度的1/3，在 1.05 千克/平方厘米压力下灭菌 40 分钟。

(3)接种和培养 灭菌后,将麦粒趁热摇散,冷却后,无菌操作下每管接入菌丝悬浮液 1 滴,摇匀并换无菌橡皮塞,置于 25℃下培养。

(4)低温保藏 大多数麦粒出现菌丝即保藏在 4℃冰箱里,或保藏在干燥冷凉的地方。

用麦粒种保藏双孢菇菌种,保藏期达 1.5 年,灵芝菌种保藏 5 年,都不会失去活力。

3. 木片保藏法

(1)木片准备 选取质地较疏松的阔叶树木片,将其削成宽 1～1.5 厘米,厚 0.2～0.3 厘米,长 2.5～3 厘米的短木片,晾干后再浸泡在 5%的米糠水中 6～12 小时,使木片吸水。

(2)木屑培养基准备 取木屑(阔叶树)78%,麦麸(或米糠)20%,石膏 1%,蔗糖 1%。先将前 3 者混合均匀,然后将糖溶于水中,再加入木屑混合物中,使培养基含水量达到 60%。

(3)分装试管、灭菌 选用 18 毫米×180 毫米的试管,或 20 毫米×200 毫米的粗试管,将上述木片和木屑培养基以 3∶1(体积比)混合,装进试管,上面再用木屑培养基盖面约 0.5 厘米,并压平,清洗试管外壁及管口,塞上棉塞,在 1.5 千克/平方厘米压力下灭菌 2 小时。

(4)接种保藏 灭菌试管冷却后,无菌操作下接入需保藏的菌种,在 25℃下培养,菌丝长满培养基后,将棉塞齐管口剪平,用石蜡封口,外包硫酸纸,或无菌操作下换橡皮塞,在 4℃冰箱中保藏。使用时,无菌操作取出试管内的木片菌种,用无菌剪刀或无菌解剖刀,将木片切成米粒大小的木块,每支试管培养基斜面接种 1 块,在适宜温度下培养即可。用此法可以保藏香菇、木耳、侧耳类、猴头菌和灵芝等菌种。

(三)液状石蜡(即矿油)保藏法

液状石蜡能抑制菌丝的代谢活动,隔绝氧气,推迟细胞衰老,防止培养基水分蒸发,因此能较长时间地保存菌种。

1. 液状石蜡的处理 选用化学纯的液状石蜡,装入三角烧瓶中,量为瓶体积的1/3,塞好棉塞;另配一个适合该三角瓶的橡皮塞,并在塞上安装虹吸管,用牛皮纸包好,与三角烧瓶一起于1千克/平方厘米压力下灭菌2小时。灭菌后,将液状石蜡置于40℃温箱中,使液状石蜡的水分蒸发至石蜡液呈完全透明后备用。

2. 菌种的培养 将需要保藏的食用菌菌种接入适宜的试管培养基斜面上,置于25℃～28℃下培养,待斜面长满健壮的菌丝后,放进接种箱,无菌操作下灌入液状石蜡。

3. 液状石蜡的灌注 将经过灭菌的三角烧瓶和虹吸管放进无菌接种箱,在三角烧瓶上装好虹吸管(也可直接用无菌吸管),无菌操作将液状石蜡注入每一支斜面培养基试管中,使液面高出培养基斜面的顶部1厘米。注入液状石蜡的试管不能平放在台面上,必须直立在试管篓内,防止液状石蜡倒出。

4. 菌种保藏 将注入液状石蜡的试管直立于试管篓内,篓口用牛皮纸包扎后,放在4℃～15℃清洁、避光的条件下保存。这种保藏方法切忌培养基斜面露出液面,因此如液状石蜡覆盖面变浅,应及时补充无菌石蜡。

用液状石蜡保藏菌种,一般可2～3年移植1次。移植(转管)时,不必倒去石蜡,可直接用无菌接种针从斜面上挑取1小块菌丝转管即可。但是这样挑出的菌丝块常沾有液状石蜡,培养后菌丝生长势较弱,需要再移植1次,才能恢复正常生长。

(四)菌丝球保藏法

菌丝球保藏法是用液体培养基培养食用菌菌丝球,然后进行保藏。

1. 液体培养基　采用不加琼脂的马铃薯蔗糖培养基或麦麸葡萄糖培养基，分装于 250 毫升三角瓶，每瓶装 60 毫升，于 1.05 千克/平方厘米的压力下，灭菌 30 分钟。

2. 菌种培养　将食用菌菌种无菌操作接于上述液体培养基中，置于 25℃～28℃下振荡培养 4～7 天(180 转/分)，便形成大量菌丝球。

3. 菌丝球保藏　将培养好的菌丝球，在牛肉汤或牛肉汁培养基斜面上进行无菌测定，确证无杂菌感染后，将菌丝球接入无菌生理盐水试管中，换上无菌胶塞，将保藏的试管直立于铁丝试管篓内，在 4℃的冰箱或常温下保存。使用时可直接从试管中挑取 1 个菌丝球，移接到新鲜培养基上，即可恢复生长。用此法可保藏香菇、黑木耳、双孢菇、侧耳、猴头菌、灵芝等多种食用菌菌种。保藏 3 年仍有较强的生活力。

(五)液氮超低温保藏法

因为生物活细胞在超低温下(－196℃)处于休眠状态，所以用这种方法可以长期保藏所有的食用菌菌种。此保藏法方法简便，保藏期长，被保藏的菌种基本上不发生变异，是目前保藏菌种的最好方法。但是需要价格较贵的液氮罐设备，所以这种保藏方法尚不能广泛应用。液氮保藏单位国内有中国科学院微生物研究所、上海农科院食用菌研究所、中国科学院武汉病毒研究所等。

1. 安瓿管　制作安瓿管的玻璃，要能经受温度突变而不破裂，容易用火焰熔封管口，启用时容易打开。一般采用硼硅玻璃，管的大小根据需要而定，通常是 75 毫米×10 毫米。选好安瓿管后，用印油书写准备保藏的食用菌菌种的编号于管壁上。然后放进电热干燥箱中用 160℃烘干，使印记牢固地印在管壁上。每管加进 0.8 毫升保护剂，塞上棉塞，于 1 千克/平方厘米压力下灭菌

15 分钟备用。

2. 保护剂 用10%(体积比)甘油蒸馏水溶液或10%二甲基亚砜蒸馏水溶液作保护剂。

3. 接种、培养及装管 将作为保藏用的食用菌菌种培养基倒入无菌培养皿内制成平板,然后在平板中心接种食用菌菌丝体,在25℃~28℃下培养10~15天,取直径5毫米的无菌打孔器在菌落的近外围切割琼脂块,然后用无菌镊子将这种带有菌丝体的琼脂块移入无菌的有保护剂的安瓿管中。也可用液体振荡法培养的菌丝球,或用麦粒菌种。以上操作都应在无菌条件下进行。

4. 冻结保藏 用火焰将安瓿管上部熔封,浸在水中检查有无漏气。然后将封口的安瓿管放在慢速冻结器内,以每分钟下降1℃的速度缓慢降温,直至-35℃左右,使管内的保护剂和菌丝块冻结,然后置于液氮罐中。罐内的气相温度为-150℃,液体温度为-196℃。

5. 恢复培养 启用液氮罐中保存的菌种时,应先将安瓿管从液氮罐中取出,立即放入38℃~40℃的水浴中摇荡,使管内冻结物全部融解,然后开启安瓿管,取悬浮的菌丝块移植于适宜的培养基上活化培养。

使用本法要戴上棉手套,以防冻伤皮肤。操作规程应按慢速冻结器和液氮罐的使用说明书进行工作。

以上保藏菌种的材料均为双核菌丝体。如果需要保藏食用菌的孢子,可采用滤纸保藏法。

(六)滤纸保藏法

将食用菌的孢子吸附在无菌滤纸上,干燥后进行长期保藏的方法。

1. 滤纸条的准备 白色滤纸收集有颜色的孢子;黑色滤纸收集白色的孢子。准备滤纸条时选择适宜的滤纸,剪成2~3厘米长、0.5 厘米宽的长条，平铺在 9 厘米直径的培养皿内，用牛皮纸包扎后，于 1 千克/平方厘米的压力下灭菌 30 分钟。

2. 收集孢子 种菇(耳)经表面消毒后，用无菌操作将其插在无菌支架上，搁置在上述培养皿内，罩上无菌的玻璃钟罩，放入无菌接种箱内，经过 12～24 小时，孢子即弹射到滤纸条上。如果是银耳芽孢，可用无菌接种环直接涂布在滤纸条上。

3. 保藏试管的制备 将带有孢子的滤纸条放入无菌试管中，置于干燥器内干燥 2～3 天(银耳芽孢需 7～10 天)，吸去滤纸上的水分后，换用无菌橡皮塞封口保藏。银耳芽孢的试管内在放入滤纸条的同时，还需放进 3～5 粒无菌变色硅胶，然后塞上无菌橡皮塞保藏。

启用时，取 1 片滤纸条，将吸附有孢子的一面贴附在试管培养基斜面上或平板上，在 25℃下培养 7～10 天，待孢子萌发形成菌落后转管培养。

这种方法简便，有效保存期一般为 2～4 年，有的保藏时间更长，其生活力随食用菌不同的品种而异。据报道，这种方法在保藏过程中易产生变异，故需做结论性试验后方能用于生产。

菌种保藏还应建立登记制度，登记内容如菌种编号、品种名称、菌种来源(选育、引进、驯化、野生等)、保藏始期等，以便查询。

思考题

1. 简述食用菌几种分离方法的操作要点。生产中通常采用哪种分离方法获得菌种最简便？

2. 获得高产优质的纯菌种在制种过程中应重视哪些环节？

3. 制备母种、原种和栽培种各应采用何种灭菌方法？正确的灭菌压力和时间是多少？接种器具常采用何种灭菌方法？

4. 菌种被杂菌污染了，如何分析其被污染的原因？生产中应如何预防杂菌？

第四章　不同类别食用菌制种技术

一、木腐菌菌种制作

常见的人工栽培食用菌中木腐菌的种类很多，如香菇、黑木耳、金针菇、侧耳属（平菇、姬菇、杏鲍菇、白灵菇、鲍鱼菇等）、猴头菌、茶树菇等都属于木腐菌。以下用4种食用菌为例，分别简述其制种技术。

（一）香　菇

香菇是典型的木腐菌。段木或代料栽培香菇所用的菌种都用阔叶树木屑或木块、木签制成。

1. 香菇母种的制备

（1）菌种的分离和纯化　香菇的子实体大而厚实，母种的获得通常采用子实体的组织分离法。分离和纯化的操作步骤在第三章组织分离法中已做详细介绍，此处不再重述。

（2）母种的制备

①培养基的配方

马铃薯蔗糖琼脂培养基：马铃薯（去皮）200克，蔗糖20克，琼脂20克，水1 000毫升。pH值自然。

麦麸培养基：马铃薯（去皮）100克，麦麸50克，蔗糖20克，硫酸镁0.5克，磷酸二氢钾1克，琼脂20克，水1 000毫升。pH值6～6.5。

木屑培养基：马铃薯（去皮）100克，阔叶树木屑50克，麦麸50克，蔗糖20克，琼脂20克，水1 000毫升。pH值自然。配制方法与第三章的叙述相同。

②母种的扩大繁殖：经过组织分离纯化了的试管种需要扩大繁殖后才能用于生产。扩大繁殖时采用上述培养基配方制成试管斜面培养基。进行转管时，根据香菇生产任务，确定原种的生产数量后，安排母种扩大繁殖的数量。母种接种后，贴标签，置于25℃～28℃培养，当菌丝长满试管培养基斜面时应及时备用。

2. 香菇原种的制备

(1)培养基的配方　常用的培养基配方。

木屑培养基一：阔叶树木屑（干）77%，麦麸20%，蔗糖1%，石膏粉1%，含水量60%（即料：水＝1.3：1.5），pH值6～6.5。

木屑培养基二：阔叶树木屑（干）77%，麦麸20%，硫酸镁0.5%，磷酸二氢钾1%，石膏粉1%，石灰粉0.5%，含水量60%，pH值6～6.5。

(2)配制方法　木屑须预先过筛，除去其中的大小木签和其他杂物，以防装塑料袋时刺破袋壁。拌料时将木屑、麦麸、石膏粉等倒入拌料机，搅拌片刻，待这3种干料搅拌均匀后，将蔗糖、硫酸镁、磷酸二氢钾、石灰粉倒入清水中，溶解后，再将这种水倒入搅拌机中继续搅拌2～3分钟，拌匀后，用手抓一把培养基，捏一下，以指缝能见到水迹，但不会滴下为度，此时的含水量约为60%，应测定酸碱度。

值得注意的是各地水源不同，水质有异，在进行菌种生产时应事先测定当地水的酸碱度，以便确定调节剂。

(3)装瓶（袋）　制原种的容器为玻璃菌种瓶或塑料袋。玻璃菌种瓶的规格一般为750毫升白色透明的小口瓶，塑料袋多采用17厘米×33厘米×0.05厘米的折角聚丙烯袋。因为聚丙烯塑料袋可耐1.5千克/平方厘米的压力，其缺点是质地较脆，尤其是在冬季低温下，容易破裂。用塑料袋制种还需要备有颈圈，可以购买也可以用塑料管自制，要求整体光滑，耐高温高湿，规格一般为直径 3～3.5 厘米，高 3 厘米。

①装瓶操作：将培养基装入菌种瓶，要一边装料，一边将瓶子上下抖动，使培养基的松紧度上下均匀，一般装至瓶肩处。装完后，用“丁”字形铁钩压实，并使培养基表面平整。再用清水洗去瓶子内外壁上沾着的木屑，洗瓶时将瓶口向下，垂直放入水中，然后轻轻提起至水在瓶肩处时，略将瓶倾斜，水进入瓶口，注意不要让水浸湿培养基，将瓶轻轻旋转，这种动作可将瓶肩以上的瓶内壁沾着的木屑洗净。静放片刻，等瓶口水分稍干后塞上棉塞，用牛皮纸把棉塞包好并扎上纱绳。棉塞也可用腈纶棉代替。据试验，腈纶棉可经高压灭菌，并容易烘干。瓶盖也可用裁剪成 12 厘米×12 厘米的方块聚丙烯塑料薄膜，外加一层牛皮纸包扎，用能经高压灭菌的橡皮圈（旧的自行车内胎剪成圈亦可代用）扎住。作为原种的培养基备用。

②装塑料袋操作：若是用塑料袋制原种，先将聚丙烯塑料袋撑开，将培养基装满袋，装好后用双手捧住塑料袋的袋身在光滑的地面上上下振动数次。为了避免地面上有杂质，也可以在每个装袋工面前铺一张 30 厘米见方的塑料薄膜，料袋就在薄膜上用手将培养基按紧。随时将薄膜上的散料抖掉，保持上面光滑干净。然后用左手提住袋口，右手握拳伸在袋内按平培养基料面，培养基在袋内是松紧均匀，周围贴壁，最后用干净的布擦净塑料袋口内壁及袋外面的培养基残留。

③套颈圈、塞棉塞：装袋后，捏紧塑料袋口穿过光滑的塑料颈圈，将上部的袋口沿颈圈口翻出，用右手指将颈圈内的塑料袋按平，使其紧贴颈圈形似瓶口，以便于接种，最后塞上棉塞和盖上牛皮纸或扎上聚丙烯薄膜和牛皮纸。

(4)灭菌、冷却　原种应采用高压蒸汽灭菌。在 1.5 千克/平方厘米压力下灭菌 2 小时。冷却。

(5)接种、培养　在无菌操作下接种，一支试管母种可接原种

3～5 瓶，贴标签后在 25℃下培养。注意遮光，控制温度，加强通风。定期检查菌丝生长情况，一旦发现有污染的瓶(袋)，应及时拣出培养室。

应注意：

第一，制作原种的容器最好选用菌种瓶，因为玻璃菌种瓶装瓶后容易清洗瓶口及外壁的培养基残留。只要轻拿、轻放，玻璃瓶不会出现砂眼，灭菌时容易排放。塑料袋要求厚薄均匀，加工质量好，底部接缝处无裂缝和漏洞，使用前要抽样检查，检查的方法主要采用向袋内灌水或向袋内吹气后按入水中，观察其有无气泡。

第二，灭菌要彻底。菌种瓶或塑料袋在灭菌锅内排放的方式不同，菌种瓶可叠放，塑料袋最好排放在框架上；灭菌时要采用高压蒸汽灭菌的方法，开始排尽锅内冷空气，灭菌结束后缓慢排气或自然降温，如果排气太快，降温过急，锅内气压不均匀，容易引起玻璃菌种瓶破裂，塑料袋胀气变形甚至破裂。

3. 栽培种的制备

(1)培养基的配方　与原种相同。

(2)配制方法　与原种相同。

(3)装瓶(袋)　制栽培种的容器为玻璃菌种瓶或折角聚丙烯塑料袋。如果制种量大，也可采用 15 厘米×45 厘米×0.04 厘米的低压聚乙烯袋。低压聚乙烯塑料袋可购买筒料，自行裁剪，一端用塑料绳扎紧后，在酒精灯火焰上封口后备用。用长袋制种最好用套袋的方法，选用 17 厘米×45 厘米×0.02 厘米的低压聚乙烯筒料裁成料筒后用上法在一端扎口备用。

①装瓶(袋)操作：装玻璃菌种瓶或 17 厘米×33 厘米×0.05 厘米折角塑料袋一般用手工操作，方法与原种制作相同。如果用 15 厘米×45 厘米×0.04 厘米的长塑料袋可以用装袋机装袋。装袋时先将袋口张开，把整个塑料袋全部套入装袋机的出料筒口，右手按住塑料袋(即在出料筒口)，打开电开关，培养基通过出料筒进

入塑料袋，左手紧托塑料袋底部随着进料慢慢后退，当料装至离袋口 8 厘米处，快速取出料袋竖起，立即掐紧袋口，排放在地上，让承担下一工序的工人扎紧袋口。

②扎口套袋：扎口时两手将料袋竖立，地面铺一张薄膜，将料袋在薄膜或光滑的地面上抖动，使料下沉，增减培养基，左手抓住袋口一侧的薄膜，右手紧按培养基，使袋内培养基松紧适度，如太紧影响菌丝生长速度，太松则菌丝生长速度虽快，但不能健壮有力，且容易使培养基松散不成形。按紧培养基后，在袋口留出 8 厘米长的空间，拍掉沾在袋口及袋外壁的残留木屑培养基，左手抓紧袋口，右手用塑料绳在紧贴培养基的地方缠紧，但不打结，顺手扭转袋口的薄膜，反折，利用缠袋口的塑料绳再扎紧反折的部分。装袋扎袋一定要保证质量，装料松紧适度，扎袋要扎紧，使料袋的长度一般为 35 厘米左右。最后套上事前准备的塑料套袋，套袋的扎口，左手抓住装了料袋的套袋口，右手用塑料绳扎口，扎口的方式采用一般的扎口方法，不需要将袋口反折，但也可用农民扎秧把的方法。总之，套袋的扎口要便于接种时很快能解开扎绳为准。

(4)灭菌　玻璃菌种瓶或聚丙烯塑料袋盛培养基后按制原种方法灭菌。用低压聚乙烯塑料袋制种采用常压灭菌，因为聚丙烯薄膜的熔点为 160℃～170℃，低压聚乙烯薄膜的熔点为 115℃～135℃，如果在高压蒸汽下灭菌低压聚乙烯袋会熔化、黏结。常压灭菌应掌握在 100℃灭菌 15 小时。如果用木柴火灭菌，开始应猛火让其升温，当达到 100℃时，文火维持 15 小时，结束时让其自然降温后再闷 5 小时。料袋在灭菌锅内呈“井”字形排列，使其受热快而均匀。

(5)冷却　灭菌后的料瓶(袋)应随即运到经灭菌的冷却室冷却。冷却室要加强通风，使其加快冷却速度。

(6)接种　在无菌条件下接种，1 瓶原种可接菌种瓶或小塑料袋 30 瓶(袋)。可以 1 人独立完成。经验证明 2 人合作完成速度快。在接种箱操作，2 人对坐，1 人在酒精灯火焰旁负责打开料瓶的棉塞或薄膜盖，接种后再回盖棉塞或薄膜；另 1 人专负责用长镊子接种。2 人合作接种速度快、质量好。低压聚乙烯长袋菌种必须 2 人合作接种。接种工具除常用的工具外应有打孔棒和专用的接种枪。打孔棒可自制，根据接种枪口的直径，选择相应直径的木棒，长约 12 厘米，打孔的一端用刀削成锥形。打孔棒除了在接种时在酒精灯上用火焰灭菌外，隔一段时间，用纸包裹随同培养基一起灭菌，以便提高无菌效果。2 人合作接种时，第一人负责解开套袋口，抽出内袋(不要完全离开套袋，应保留内袋有 2～3 厘米仍留在套袋内)。无菌操作用打孔棒在内袋的一面等距离连续打洞，一般打 4 个洞，洞深 2～2.5 厘米，内袋的两端要留 4～5 厘米不打洞；第二人接种，用接种枪在原种的瓶袋内取种，然后接进洞里，要求菌种填满洞穴而且略高出料袋平面，再将料袋左右倾斜一下，以便抖去接种穴外多余的菌种，递还给第一人，将内袋伸进原来的套袋，扎口。

(7)培养　在 25℃下，遮光，通气，恒温培养。但是打洞套袋接种的菌袋可“井”字形码放，注意接种穴的一面向一侧，不让上面的菌袋压住接种穴，在堆内插温度计。在培养过程中要经常翻堆，检查堆内温度和有无杂菌污染。如果堆温过高，要及时将高堆改为矮堆并加强通风，防止“烧菌”。发现有杂菌污染的菌袋应及时处理。接种 1 周后，当接种穴的菌丝生长延伸，菌落直径在 4～5 厘米时，就要转动外袋，即不打开袋口，两手握住菌袋的两端左右扭动，使外袋扭动，内袋不动。这样可以帮助袋内空气流动，起到通气作用。此操作可结合翻堆和检查杂菌时进行。通过几次翻堆和扭动套袋，使整批菌丝生长迅速，发菌均匀。

用长袋制种，如果有 1 个接种穴感染了杂菌，可用 0.1%多菌灵或 0.5%甲醛溶液在感染的部位涂抹后，单独培养，待菌丝满袋后作为栽培袋处理。但是绝不能用作菌种。

木签、木块制种方法参阅第三章所述。

香菇制种：一般母种接种后 8～10 天菌丝即可长满培养基斜面；原种接种后 30～35 天即可长满瓶（袋）；栽培种接种后，菌种瓶或短菌袋一般 20～25 天菌丝满袋，长塑料袋打洞接种，40 天菌丝即可满袋。制种者应根据栽培者的要求制订菌种生产历，按时保质保量地完成生产任务。

(二)黑 木 耳

黑木耳是重要的木腐菌，在山区多沿用段木栽培，近 10 年来山区、丘陵、平原地区已大力推广代料塑料袋栽培。段木栽培黑木耳所用的菌种多采用木屑或木钉菌种，代料栽培所用的菌种可采用木屑菌种，也可采用棉籽壳菌种。

1. 黑木耳母种的制备

(1)菌种的分离和纯化　黑木耳是木腐菌中的胶质菌，在生产用种方面，母种的获得通常采用多孢子分离法、基内菌丝分离法和组织分离法。

①多孢子分离法：一般采用钩悬法或孢子印分离法（分离方法见第三章孢子分离法）。

采用上述两种方法在平板上出现星星点点白色茸毛状小菌落后，用无菌接种针挑取菌丝生长速度适中、菌丝粗壮浓密，无杂菌污染的单个菌落边缘的菌丝尖端，移植到试管培养基斜面上，1 次移植多支试管，经 25℃～28℃下培养，待菌丝生长到试管 2/3 时，进行筛选，选出优良的试管种转管纯化。

②基内菌丝分离法：黑木耳常采用耳木分离法。分离的方法见第三章基内菌丝分离法。

③组织分离法：是用黑木耳子实体组织进行分离培养而获得菌种的方法。

分离前，先将种耳在流水中冲洗干净，放进接种箱，用 70％的酒精棉球擦耳片各部位进行表面消毒，然后用无菌水浸泡 6～10 小时，取出后用无菌纱布吸干水分，用 70%酒精棉球擦拭表面，用无菌水冲洗数次后，再用无菌纱布吸干耳片表面的水分备用。黑木耳子实体的组织分离可采取 2 种方法：

第一，用无菌剪刀剪取上述备用的耳片组织成绿豆大小的耳块，用接种针挑取耳块放在试管培养基斜面上，置 25℃～28℃下培养 24 小时，可见到白色纤细的菌丝体，初期生长较慢，5～6 天后逐渐加快，选择优良的试管种，经转管纯化即成母种。由于黑木耳是胶质菌，子实体富含胶质，表面消毒很难做到彻底，容易感染杂菌。

第二，采用子实体的内层组织作为分离材料。黑木耳子实体横切面观察，从背面的柔毛层到表面的子实层，共分为 6 层。分离时用无菌解剖刀在子实体边缘切一开口，然后用无菌镊子沿开口处撕开，再用解剖刀尖挑取一块内层组织块，放于试管培养基斜面上进行培养，25℃～28℃下培养 3～4 天后即可见到菌丝。据试验，在耳基部位取内层组织较容易，因为耳基部组织紧密，容易挑取。又据报道，组织分离选用松针汁培养基加 25%乳酸 1～3 滴，能有效地抑制细菌的生长，提高成功率。

(2)母种的制备

①培养基的配方

马铃薯蔗糖琼脂培养基：配方同前。

黄豆粉蔗糖培养基：黄豆粉 100 克，蔗糖 20 克，琼脂 20 克，水 1 000 毫升。

松针煮汁培养基：去鞘新鲜松针 200 克，0.1%高锰酸钾溶液 20 毫升，葡萄糖 10 克，蛋白胨 10 克，磷酸二氢钾 1 克，硫酸镁 0.5 克，琼脂 20 克，水 1 000 毫升。

栓皮栎木屑煮汁培养基：马铃薯 200 克，栓皮栎木屑 20 克，蔗糖 20 克，麦芽糖 10 克，琼脂 20 克，水 1 000 毫升。

马铃薯黄豆粉培养基：马铃薯 200 克，黄豆粉 20 克，蔗糖 20 克，磷酸二氢钾 1 克，硫酸镁 0.5 克，维生素 B_1 10 毫克，石膏 10 克，琼脂 20 克，水 1 000 毫升。

麦麸煮汁培养基：麦麸（煮汁过滤）100 克，蛋白胨 2 克，磷酸二氢钾 2 克，硫酸镁 1 克，葡萄糖 20 克，琼脂 20 克，水 1 000 毫升。

上述各种培养基的酸碱度均调至 pH 值为 6～6.5。

②母种扩大繁殖的方法：与香菇制种相同。

2. 原种的制备

(1)培养基的配方　常用的培养基配方：

①木屑培养基：干木屑（阔叶树）78%，麦麸（或米糠）20%，蔗糖 1%，石膏 1%，含水量 60%，pH 值自然。

②棉籽壳培养基：棉籽壳 88%，麦麸（或米糠）10%，石膏 1%，石灰 1%，含水量 60%～65%，pH 值 6～6.5。

③玉米芯颗粒培养基：脱粒玉米芯（干燥无霉变）粉碎过筛，去粗去细，选黄豆粒大小颗粒 79%，麦麸 15%，阔叶树木屑 5%，石膏粉 1%，含水量 55%～65%。

(2)配制方法　木屑、棉籽壳培养基配制方法相同。

由于棉籽壳吸水速度慢，在配制前要对棉籽壳进行预湿处理，加水量为棉籽壳的 1.2 倍，预湿后再拌入麸皮和石膏粉补充水分，使之达到含水量要求。

玉米芯颗粒培养基的配制方法如下：称取玉米芯颗粒装入干净的编织袋，浸没在流水中，若静水，每天换水 1 次，泡透为止，一般需 3～5 天，捞出玉米芯沥去多余水分，将麦麸、木屑、石膏粉充分拌匀后混入玉米芯，不需再加水，拌匀即可（此配方引自吉林省杨儒钦等）。

(3)装瓶　黑木耳菌丝纤细，生长速度较慢，原种的容器一般选用 750 毫升的菌种瓶。装瓶的方法与香菇制种相同。

(4)灭菌、冷却　接种以及培养方法均与香菇原种制作相同。

3. 栽培种的制备　黑木耳栽培种的制备方法与原种相同，但是选用塑料袋应以 12 厘米×40 厘米×0.04 厘米的内袋(套袋采用 15 厘米×45 厘米×0.02 厘米的外袋)为好。其他操作方法与香菇制种相同。

(三)金针菇

金针菇属于木腐菌，当前都采用代料栽培方法。

1. 金针菇母种的制备

(1)菌种的分离和纯化　金针菇母种的获得通常采用子实体组织分离法。由于金针菇的菌盖小而薄，挑取菌柄和菌盖交界处的菌肉比较困难，可以在进行子实体表面消毒后，用无菌镊子去掉菌盖，挑取菌柄上方的生长点作为分离材料；或者将菌柄轻轻撕开，用无菌接种针挑取菌柄上方的菌髓，再将其剪成小段作为分离材料放在试管培养基斜面上，经在 25℃下培养，待菌丝长到培养基斜面 2/3 时，选择优良的试管种，挑取菌落边缘的先端菌丝，移植到试管培养基斜面上进行纯化。

(2)母种的制备

①培养基配方

马铃薯蔗糖琼脂培养基：配方同前。

马铃薯木屑麦麸培养基：马铃薯 200 克，木屑 50 克，麦麸 50 克，磷酸二氢钾 0.1 克，硫酸镁 0.5 克，蔗糖 20 克，琼脂 20 克，水 1 000 毫升。

加富培养基：马铃薯 200 克，硫酸镁 5 克，磷酸二氢钾 2.5 克，蔗糖 20 克，维生素 B_1 0.5 毫克，琼脂 20 克，水 1 000 毫升。此培养基用于产生粉孢子多的金针菇菌株。

上述各种培养基的酸碱度均需调至 pH 值 6～6.5。

②母种扩大繁殖的方法：与香菇制种相同。

2. 原种的制备

(1)培养基的配方　常用的培养基配方。

木屑培养基:阔叶树木屑 73%,麦麸(或米糠)25%,蔗糖 1%,石膏 1%,含水量 63%。

棉籽壳培养基:棉籽壳 85%,麦麸(或米糠)10%,玉米粉 3%,蔗糖 1%,石膏 1%,含水量 63%。

谷粒培养基:麦粒(或玉米粒)99%,石膏 1%。

(2)配制方法　木屑培养基、棉籽壳培养基的配制方法,与前相同。

谷粒培养基的配制方法:选择无病虫危害的饱满完整的小麦或玉米粒,除去杂质,用 1%石灰水浸泡 12～20 小时(温度低时浸泡的时间可稍延长),直至剥开麦粒或玉米粒不见白芯为止,再用清水冲洗,捞起后,滤去水分略晾干,然后拌入适量的石膏粉,拌匀后即可装瓶(袋)。

(3)装瓶(袋)　木屑和棉籽壳培养基装瓶(袋)的操作方法与香菇制种相同。

谷粒培养基的容器最好选用玻璃菌种瓶,装入谷粒培养基的量为瓶高的 1/3 或 1/2 左右,便于菌丝伸入谷粒后摇瓶操作,促进菌丝上下均匀生长。其余制作方法与木屑培养基相同。

(4)灭菌　采用高压蒸汽灭菌,1.5 千克/平方厘米维持 2 小时。

(5)冷却　与香菇制种方法相同。

(6)接种、培养　方法与香菇制种相同。

3. 栽培种的制备

(1)培养基的配方　与原种相同。

(2)配制方法　与原种相同。

(3)装瓶(袋)　制栽培种的容器如果是木屑或棉籽壳培养基,可采用 17 厘米×33 厘米×0.04 厘米的聚丙烯塑料折角袋,谷粒培养基应选用玻璃菌种瓶为容器。装瓶（袋）的操作方法与香菇制种相同。

（4）灭菌　与原种制作相同。

（5）冷却　与原种制作相同。

（6）接种、培养　接种的方法为2人合作接种，在无菌操作下用长镊子取木屑或棉籽壳原种一小块（蚕豆大小）接入经灭菌冷却后的栽培种瓶（袋）内。如果是谷粒接种应选用接种匙，经火焰灭菌冷却后，取谷粒种5～10粒接入制栽培种的瓶（袋）内。

培养：置于22℃～24℃下培养，定期检查菌丝生长情况及有无杂菌污染。

金针菇制种应注意母种的培养时间约为7天，菌丝尚未完全长满斜面时就应及时选用，避免斜面顶端长稀疏的气生菌丝。原种及栽培种的培养时间为25～30天。

（四）平　菇

平菇是食用菌中人工栽培最广泛的品种，供栽培的菌株多，适于栽培的原料来源广，其菌丝生长速度快，抗逆性较强。同属的品种如姬菇、秀珍菇、小平菇等的制种方法与平菇相似。

1. 平菇母种的制备

（1）菌种的分离和纯化　平菇菌种的分离主要采用子实体的组织分离法。由于平菇的菌盖大而厚实，菌柄是延生的，用菌盖进行分离容易获得成功。分离与纯化的操作步骤见第三章有关部分的介绍。

（2）母种的制备

①培养基的配方

马铃薯蔗糖琼脂培养基：配方同前。

马铃薯综合培养基：马铃薯（去皮）200克，蔗糖20克，磷酸二氢钾2克，硫酸镁0.5克，琼脂20克，水1 000毫升。

麦麸综合培养基：马铃薯（去皮）200 克，麦麸 50 克，蔗糖 20 克，磷酸二氢钾 2 克，硫酸镁 0.5 克，琼脂 20 克，水 1 000 毫升。

木屑综合培养基：马铃薯（去皮）200 克，阔叶树木屑 100 克，蔗糖 20 克，磷酸二氢钾 2 克，硫酸镁 0.5 克，琼脂 20 克，水 1 000 毫升。

以上培养基配制后酸碱度调节至 pH 值为 6～6.5。

平菇母种培养基的配方种类繁多，以上几种是最常用的，配制方法见第三章中的介绍。

②母种的扩大繁殖方法：与香菇制种相同。

2. 原种的制备

(1)培养基的配方

①棉籽壳培养基：纯棉籽壳加水至含水量 60%，搅拌均匀即可。

②棉籽壳石灰培养基：棉籽壳 99%，石灰 1%，加水至含水量 60%，搅拌均匀。

③豆秸培养基：大豆秸 88.5%，麦麸（或米糠）10%，石膏 1%，石灰 0.5%，含水量 60%。

④稻草培养基：稻草 76.5%，麦麸 20%，过磷酸钙 2%，石膏 1%，石灰 0.4%，尿素 0.1%，含水量 60%。

农作物秸秆制种，在使用前都要切成小段或粉碎成一定大小的颗粒才能使用。最好再加入一定量的棉籽壳，以利于通气。

制平菇原种通常都采用棉籽壳培养基。因为棉籽壳培养基配制方便，接种后平菇菌丝生长速度快，菌丝粗壮有力，培养基在后期不易干缩。

(2)配制方法　与前相同。

(3)装瓶（袋）　制平菇原种的菌种瓶可选用大口径的罐头瓶；塑料袋仍可选用 17 厘米×33 厘米×0.04 厘米的聚丙烯塑料折角袋。装瓶（袋）的操作与前相同。

(4)灭菌 高压蒸汽灭菌,1.5千克/平方厘米压力,维持2小时。

(5)冷却、接种与培养 与香菇制种相同。

3. 栽培种的制备

(1)培养基的配方 棉籽壳、农作物秸秆培养基与原种配方相同。

种木培养基:以木质较松的阔叶树木签(如冰棒的棍子)为主料,加入棉籽壳麦麸培养基作为填充料,其比例为5份木签,加入1份棉籽壳麦麸培养基。

棉籽壳麦麸培养基配方:棉籽壳88%,麦麸10%,石膏1%,石灰1%,含水量60%～65%。

(2)配制方法 种木培养基的配制方法:将木签浸入1%糖水溶液中煮沸30分钟,捞出沥水后与配制好的棉籽壳麦麸培养基按5∶1的比例混合装袋。棉籽壳培养基的配制方法同前。

(3)装袋 平菇的栽培种一般采用塑料袋为容器。以棉籽壳或农作物秸秆为培养基的栽培种,可选用17厘米×45厘米×0.04厘米的低压聚乙烯塑料袋,袋的两端扎活结,便于两头接种。用20厘米×45厘米×0.02厘米的低压聚乙烯袋作为套袋。种木培养基的容器为17厘米×33厘米×0.04厘米的聚丙烯折角袋。长袋采用装袋机装袋,木签培养基用手工装袋,装袋时在袋底先装一层棉籽壳麦麸培养基,然后装入处理过的木签,四周及中间用棉籽壳麦麸培养基填充,上面覆盖一层填充料,用颈圈、棉塞或聚丙烯薄膜、牛皮纸扎口。

(4)灭菌 采用常压灭菌,1个大气压,100℃,维持18～20小时。

(5)冷却 按常规方法。

(6)接种与培养 在无菌条件下,长袋用长镊子两头接种,而后仍套袋培养,木签种为一头接种。

接种后置于20℃～22℃下培养,木签种在菌丝满袋后继续培养10天，待菌丝伸透木签后使用。

二、草腐菌菌种制作

人工栽培食用菌中常见的草腐菌有双孢菇、大肥菇、草菇和鸡腿菇等。此处介绍双孢菇及草菇的制种技术。

（一）双孢菇

双孢菇是典型的粪草菌。其菌种多以粪草或麦粒作为培养基，也有用河泥加干牛粪、砻糠加猪牛粪以及棉籽壳作为培养基制种。

1. 双孢菇母种的制备

（1）菌种的分离和纯化　双孢菇母种的获得常采用多孢子分离法和子实体组织分离法。

①多孢子分离法：种菇的选择：在第一、第二潮秋菇中进行选择。在菌丝生长健壮、出菇均匀、生长势好、无病虫的菇床上选择菌盖肥厚，色泽洁白，菇形圆整，菌柄上下粗细均匀的单生菇作为种菇。种菇采收标准为菇体八九成熟，菌膜将开而未开时采收。若采收过早，种菇未成熟，菌盖不易开伞，孢子无法释放；采摘过迟，菌膜已破裂，菌褶外露，容易引起杂菌污染。因此，正确掌握种菇的成熟度，是进行孢子分离的重要环节。

种菇的表面消毒、蘑菇孢子的采集、稀释分离的方法，见第三章孢子分离法。双孢菇的孢子为褐色，所以在滤纸条上的孢子印为褐色。

接种后的试管，置于20℃～22℃下培养，经9～12天培养，在培养基表面出现白色星芒状的蘑菇菌落，无菌操作挑取菌落上的菌丝于新的试管培养基斜面上，同时镜检菌丝的形态特征，确定为双孢菇菌丝后再转管纯化。如果在培养期间，在试管培养基斜面或平板上，3～5天就出现菌落，这种菌落大多是杂菌。因为杂菌的孢子萌发速度快，这种试管应及时淘汰。

经纯化的试管菌种必须进行栽培试验后才能用于生产。

②子实体组织分离法：种菇选择及采收标准同双孢蘑菇的孢子分离法。子实体组织分离方法同第三章组织分离方法。

(2)母种的制备

①培养基的配方

马铃薯蔗糖琼脂培养基：配方同前。

马铃薯酵母膏培养基：马铃薯(去皮)200克，葡萄糖20克，酵母膏1.5克，琼脂20克，水1000毫升。

完全培养基：硫酸镁0.5克，蛋白胨2克，磷酸二氢钾0.46克，磷酸氢二钾1.0克，葡萄糖20克，琼脂20克，水1000毫升。

双孢菇培养基：硫酸镁0.5克，蔗糖3克，葡萄糖1克，麦芽糖1克，磷酸二氢钾1克，琼脂18～20克，水1000毫升。适合蘑菇孢子分离和培养。

E. B. Lamberr培养基：葡萄糖10克，硫酸镁0.5克，磷酸二氢钾1.9克，琼脂20克，水1000毫升。适合于双孢菇的担孢子萌发。

②母种的扩大繁殖方法：同香菇制种。

2. 原种的制备

(1)培养基的配方　双孢菇原种的培养基通常采用秸秆、棉籽壳等天然营养物质，加适量的无机盐类等配制成固体培养基。其配方有粪草培养基、牛粪粉培养基、棉籽壳培养基、谷粒培养基、羊粪培养基等。现将最常用的培养基配方介绍如下：

①粪草培养基之一：发酵麦秸72%，发酵牛粪粉20%，麦麸5%，糖1%，碳酸钙1%，石膏1%，含水量62%～65%。

粪草培养基之二：稻草97%，石膏1%，过磷酸钙1%，蔗糖1%，新鲜猪牛尿若干。

②谷粒培养基：麦粒(小麦、大麦、燕麦、高粱等)97%，碳酸钙2%，石膏1%，含水量50%～55%，pH值为6.5～7。

(2)配制方法

①粪草培养基之一：把发酵麦秸切成2～3厘米长，加入粉碎的牛粪粉、麦麸、碳酸钙、石膏等，充分拌匀，把糖溶于水，再倒入料中，使含水量达到65%左右，然后将混合料铲成一堆，让培养基吸水均匀，2～3小时后散堆装瓶。

②粪草培养基之二：把稻草切成2～3厘米长，在新鲜的猪牛尿中浸泡1夜，沥干水，使含水量达到60%左右，再加入石膏、过磷酸钙、蔗糖(过磷酸钙和蔗糖先溶入水然后淋于料中)。这种配方，不需要堆制发酵，培养基拌匀后就可装瓶，制法快捷而简便。

③谷粒培养基：以小麦为例。制麦粒种有2种方法：一是传统的制种方法，将洗净的小麦捞起放入水中煮沸，要求在水中煮至麦粒中心无白芯，种子外皮不开裂为止，然后捞起沥水，摊开晾干，再加入2%石膏粉，1%碳酸钙，拌匀后装瓶。二是浸泡法，在大量制种时，采用传统的煮小麦而要达到制种的要求是困难的，因此常用小麦浸泡法，即在制种的前1天，将小麦浸泡在2%石灰水中，pH值保持在11以上，气温高的夏天一般浸泡10～12小时，春、秋季节，一般浸泡18～20小时，第二天早晨检查麦粒是否浸透，如果没有浸透，仍有白芯，则应该再延长浸泡时间。然后将浸透的麦粒捞起沥去石灰水，用清水冲洗干净，加入2%石膏粉，拌匀，使pH值达到8即可。拣去个别破皮开裂的麦粒，即可装瓶。

(3)装瓶　制双孢菇种的容器采用750毫升的菌种瓶。粪草培养基装瓶方法同前。麦粒培养基装瓶时，将拌匀的麦粒装入菌种瓶，边装料边抖动瓶子，将麦粒装至菌种瓶肩处，随后在麦粒上面加盖一层2厘米厚的预先准备的已发酵好的粪草培养基，这样有利于接种物的快速萌发定植，也可以防止麦粒的散动。

必须注意，双孢菇的菌丝生长要求通气性好，因此菌种瓶口需要用棉塞而不能用薄膜覆盖。

(4)灭菌、冷却　采用高压蒸汽灭菌，在 1.5 千克/平方厘米压力，温度为 126℃下灭菌 2 小时。冷却按常规操作。

(5)接种、培养　无菌操作下接种，1 支母种斜面试管，可接种 3～5 瓶。接种后置于 22℃下培养。保持每天通风，空气相对湿度保持在 60%～70%，定期检查菌丝生长情况，发现杂菌污染的菌种及时清除。接种后应在 40～50 天菌丝长满瓶，再继续培养 10 天左右使用，这是适龄菌种。在培养期间，为了防止杂菌污染，可以在棉塞顶部撒些石灰粉。

3. 栽培种的制备

(1)培养基的配方　同原种制作。

(2)配制方法　同原种方法。

(3)装瓶　同原种制作。

(4)灭菌、冷却　同原种制作。

(5)接种、培养　接种方法同原种制作，1 瓶原种可接栽培种 40～50 瓶。接种后菌丝应在 30～45 天长满瓶，在菌丝长满瓶后 15 天内使用为适龄菌种。

(二)草　菇

1. 草菇母种的制备

(1)菌种的分离和纯化　草菇属于腐生性的食用菌，分离菌种的方法，通常采用孢子分离法、组织分离法、基内菌丝分离法 3 种。其中最常用的是子实体组织分离法，因为这种方法较为简便，成功率高。此处仅作简介。

①子实体的选择：在高产菇床上选取出菇早、菇形端正、生长健壮、抗病力强、菇体大小适中(作为制罐用的草菇，要求个体不宜太大，而作为干制或鲜食的草菇，必须选择较大的子实体)，肉厚，未开伞，表面干爽的子实体作为分离材料。

②分离方法：与香菇制种相同。

③菌种纯化：分离获得的菌株，还需要经过3～4次转管纯化，观察斜面培养基的边缘出现红褐色小点的厚垣孢子生长情况（有的品种厚垣孢子多，也有的品种厚垣孢子少或无），气生菌丝的多寡、分枝情况，选出气生菌丝较多，菌丝粗壮而直的菌种进行出菇试验。

(2)母种的制备

①培养基的配方

马铃薯蔗糖琼脂培养基：配方同前。

马铃薯葡萄糖酵母粉琼脂培养基：马铃薯（去皮）200克，葡萄糖20克，酵母粉2克，琼脂20克，水1000毫升。

稻草汁培养基：稻草（切碎）200克，蔗糖20克，硫酸铵3克，琼脂20克，水1000毫升，pH值7.5。

马铃薯黄豆粉培养基：马铃薯（去皮）200克，黄豆粉20克，蔗糖20克，硫酸镁0.5克，磷酸二氢钾1克，维生素B_1 10毫克，石膏10克，琼脂20克，水1000毫升，pH值7.5。

②母种的扩大繁殖的方法：与前面几种菇相同。但是草菇属于高温品种，转管繁殖后试管种必须置于30℃～33℃下培养。

2. 原种的制备

(1)培养基的配方

①稻草培养基：稻草（切成3厘米长）80千克，麦麸（或米糠）18千克，石膏1千克，蔗糖1千克，含水量65%，pH值8～9。如果pH值低于8，可加适量的石灰。

②棉籽壳培养基：棉籽壳100千克，麦麸6～8千克，石灰4～5千克，水150升，pH值8～9。

③甘蔗渣培养基：甘蔗渣（粉碎后过筛的干品）100千克，麦麸15千克，复合肥（含钾量较多的）1千克，石灰5千克，水150升，pH值8～9。

(2)配制方法

①稻草培养基的制作方法:先将稻草切碎成3厘米长,浸泡在清水中,要浸透,然后滤去多余的水分,均匀加入其他物质后,边起堆边踩实,堆高1.2～1.3米,宽1米,长度不定。发酵4～5天,当堆中心的料温达到70℃左右时翻1次堆,将外层的料翻到中央,上层翻到下层,使发酵均匀。第二次翻堆时需要测定pH值和水分,如果pH值低于9应加石灰调节,水分不足可加适量水拌匀后及时装瓶(袋)灭菌。

②棉籽壳培养基配制方法:与稻草培养基基本相同。只是制堆时不需要踩踏。

③甘蔗渣培养基配制方法:与稻草培养基基本相同,但是甘蔗渣必须粉碎过筛后使用。

这3种培养基的配制必须掌握:一是严格测定pH值,草菇是耐碱性的食用菌,培养料的酸碱度一般调至pH值8～8.5;二是含水量要达到60%～65%。实践表明,这3种培养基以棉籽壳培养基为首选,因为它的配制方法简便,且菌丝生长迅速,产量高。

(3)装瓶(袋)　方法同前。

(4)灭菌、冷却　方法同前。

(5)接种、培养　接种方法同香菇制种,但是接种后应置于30℃～33℃下培养。

3. 栽培种的制备　与原种制作相同。

三、其他菌菌种制作

通常人工栽培的食用菌其菌种制作采用某一种分离方法获得纯菌丝种,经过栽培出菇试验后,证明是高产优质的菌株,就可应用于生产。但是银耳仅分离到纯菌丝种尚不能用于生产。它必须与香灰菌(一种子囊菌)伴生,形成混合菌种,才能用于生产,此部分仅以银耳菌为例作一简介。

银耳菌种的生产步骤，首先通过分离方法获得银耳菌的纯菌种，包括纯菌丝种或芽孢种（即酵母状分生孢子），制成纯培养的试管种（母种），同时分离获得香灰菌的纯菌种（母种）；第二步把银耳菌的纯菌种和相应的香灰菌的纯菌种混合在一起培养成为混合种，即为银耳的原种和栽培种。

1. 银耳母种的制备

(1)菌种的分离和纯化　获得银耳菌种的分离方法主要有孢子分离法、组织分离法和基内菌丝分离法。由于银耳是胶质菌，用组织分离法效果不理想，因此生产上一般采用孢子分离法和基内菌丝分离法。

①孢子分离法：采用钩悬法获得银耳的芽孢种。

种耳选择：应选择出耳早、生长快、生命力强、朵大肉厚、无病虫害的耳片作为分离材料。一般在出耳后 15 天左右采耳片分离为适时，采耳太早或太晚均不易获得孢子。

孢子的采集：整个分离过程必须在无菌条件下进行操作。事先用电炉丝做成挂钩，准备接种针、剪刀、镊子、无菌纱布、无菌培养皿、70%酒精棉球、酒精灯、打火机、250 毫升三角瓶装无菌水 7 瓶、装有已灭菌的马铃薯葡萄糖琼脂培养基平板的 50 毫升规格的三角瓶若干个。将这些物品放入接种箱内，用甲醛或气雾消毒剂熏蒸 30 分钟。再用紫外线灯照射 30 分钟。种耳用清水冲洗干净后，用无菌吸水纸吸干再放入接种箱内，制种人员用 70%酒精棉球揩擦双手进行表面消毒，将种耳剪成蚕豆大小的耳块（用镊子夹住），在 5 瓶无菌水中逐瓶漂洗，再用 2 瓶无菌水冲洗，放入装有无菌纱布的无菌培养皿内，用无菌纱布吸干耳块表面的水分，用无菌镊子将耳块挂在经火焰灭菌冷却后的挂钩上，放入三角瓶，钩子的另一端钩在三角瓶口上，耳块悬挂的高度应距培养基 2～3 厘米，最后，塞上棉塞。这样重复悬挂若干个三角瓶，以供选择，保证分离的成功。最后放于20℃～25℃下，经24小时，从耳块上弹射下来的担孢子，在培养基平板上形成孢子印。此时，在无菌箱中，将悬挂在三角瓶内的钩子连同耳块一齐取出，再塞上棉塞，继续放在20℃～25℃下培养，经2～3天，培养基表面出现乳白色、黏糊状、边缘整齐、中间稍凸、带有光泽的菌落，即为银耳芽孢（酵母状分生孢子）菌落。在接种箱中，无菌操作法用接种针挑取少许芽孢，移植于试管培养基斜面上进行纯化，即得到银耳芽孢纯菌种。

纯菌丝种的分离培养：利用孢子弹射获得的芽孢，在特殊培养基上诱发出银耳菌丝，以便获得银耳菌丝种。

特殊培养基配方：麦麸100克，蔗糖10克，麦芽糖10克，蛋白胨2克，过磷酸钙1克，磷酸二氢钾1克，硫酸镁0.5克，琼脂30克，水1 000毫升，pH值自然。分装试管、灭菌，摆斜面备用。

移植培养：无菌操作，将芽孢移植于上述试管培养基斜面上，置于20℃～25℃恒温箱中，培养13～14天，芽孢菌落色泽由白色转为淡黄色，稍浓缩，在菌落的边缘出现纤细的银耳菌丝，再继续培养7～10天后，银耳菌丝有所延伸，转管扩大培养，获得银耳纯菌丝种。

②基内菌丝分离法：一是用耳木进行分离，二是用木屑培养基或棉籽壳培养基进行分离。

耳木分离法：如果能获得长了银耳的耳木来进行分离，最容易获得银耳菌种。

耳木的选择：在生长第一、第二潮银耳时，选取生长银耳最多、朵大、色白、无杂菌的耳木一小段，经风干，去掉树皮及耳基周围的杂质，放入接种箱。

耳木的表面消毒：把有出耳部位的耳木锯成2厘米厚的木块，用70%酒精棉球揩擦木块表面进行表面消毒。

耳木的分离：在耳基着生处把木块纵切成两半，肉眼可见到有银耳菌丝或香灰菌丝生长的木材其颜色比一般木材浅，且疏松，如果有香灰菌丝生长的木材具有黑色斑纹。分离在无菌操作下进行，在耳基着生处朝正下方1厘米部位用镊子夹取比芝麻还小的木屑粉末，接种到试管培养基斜面上。置于20℃～25℃下培养，数天后接种块周围就长出菌丝。在1周内要经常观察菌丝生长情况，及时将银耳菌丝和香灰菌丝分离出来单独培养。每次分离应移接80～100支试管，以便于筛选。

耳木分离香灰菌丝：用上述方法，在取材上，选择长有黑色斑纹部分，用解剖刀切取木材1小块，用接种针将小块木材移入试管培养基斜面上塞上棉塞，置于20℃～25℃下培养。

木屑培养基分离香灰菌丝：将出过耳的玻璃瓶或塑料袋，用70%酒精棉球揩擦瓶(袋)外壁进行表面消毒，移入接种箱，用气雾消毒剂熏蒸后，在无菌操作下，敲破瓶底或割开袋，用接种针在底部挑取绿豆大小的带有菌丝的培养基，移入试管培养基斜面上，塞好棉塞，置于20℃～25℃下培养。香灰菌丝生长快，瓶(袋)底部多为香灰菌丝，并且比上层纯净。纯的香灰菌丝初为白色，羽毛状分枝，菌丝粗短，爬壁能力强，分泌色素，经5～7天培养后，培养基逐渐变黑，表面有时有碳质的黑疤。

香灰菌丝在未长满试管培养基斜面时，挑取前端白色菌丝接入新的试管，经2～3次提纯，可获得较纯的香灰菌丝。

银耳菌种必须由银耳芽孢或银耳纯菌丝和香灰菌丝混合后，才能应用于生产。

通过上述的耳木分离法，可以有机会获得银耳混合种，还可以通过代料栽培出耳后的木屑或棉籽壳培养基进行基内菌丝分离直接获得银耳混合种。以塑料袋栽培银耳为例，选择出耳早、朵型大，子实体颜色白或淡黄，生命力强，无病虫害的耳袋，摘去子实体后，将耳袋悬挂在阴凉处让其阴干。因为银耳菌丝比香灰菌丝抗干旱能力强，经风干的耳袋在分离时容易获得两种菌丝较为合理的配比。然后用70%酒精棉球揩擦塑料袋外壁进行表面消毒，放入接种箱，在无菌操作下，选择最好的一段耳基，撕去塑料袋，切去多余的培养基。留下的一段耳基分离时，去掉表层1厘米厚的培养基，在离表层1厘米以下、3厘米以上处，用接种针挑取白色略硬的培养基一小块，接入试管培养基斜面，1次分离应多于100支，以便从中挑选。培养10～15天后，选出具有白毛团并且吐出透明的、黄色水珠的试管，进行扩大培养，即为银耳香灰菌丝混合种。

(2)母种的制备

①培养基的配方

马铃薯葡萄糖琼脂培养基：马铃薯（去皮）200克，葡萄糖20克，琼脂30克，水1 000毫升。此配方适用于银耳芽孢、香灰菌丝的生长。

麦麸麦芽糖琼脂培养基：此即为前面介绍的特殊培养基，适用于银耳芽孢萌发菌丝，银耳菌丝或银耳混合种的扩大繁殖。

②母种的扩大繁殖方法：与其他菇类基本相同。其不同之处是：

第一，要求转管扩大繁殖的试管培养基较为干燥，试管内无冷凝水，因为银耳菌丝如遇水分就会转变为芽孢。因此，试管培养基灭菌后让其自然冷却，摆放斜面后的试管也可以放在15℃～20℃恒温箱中烘烤，使培养基内水分蒸发后使用。

第二，在转接银耳菌丝时，接种针经酒精灯火焰灭菌后待冷却了再使用。挑取菌丝接种时手势要轻而敏捷，这样可以避免银耳菌丝转变为芽孢。

第三，银耳菌种经分离获得的银耳菌丝、银耳芽孢以及香灰菌都应单独的扩大繁殖和保藏，但是作为菌种使用时都应配制成混合种。其配制方法如下：

银耳菌丝与香灰菌丝混合：银耳菌丝与香灰菌丝应先分别培养，在无菌操作下，将银耳纯菌丝挑取米粒大小块，分别接于一批试管培养基斜面的中间部位，置23℃～25℃恒温箱中培养7～10

天，当银耳菌丝接种块长到黄豆大小的白毛团时，挑取香灰菌丝如绿豆大小的菌块，接种于银耳菌落的下侧（中间留有一定距离），再置于23℃～25℃下继续培养，7天后香灰菌丝蔓延至整个培养基斜面，银耳菌丝也同时生长，形成浓白蓬松的白毛团。2周后，白毛团上分泌出淡红色水珠，即可确认银耳香灰菌的混合菌种。

2. 原种的制备

（1）培养基的配方

木屑麦麸培养基之一：木屑（阔叶树）78%，麦麸（或米糠）20%，蔗糖1%，石膏1%，含水量65%。

木屑麦麸培养基之二：木屑72%，麦麸25%，蔗糖1%，石膏1.5%，硫酸镁0.5%，水适量，pH值5.5～6。

（2）配制方法　与香菇原种的配制方法相同。

（3）装瓶　银耳原种的装瓶方法同前，但是培养基装量减少，以装到瓶高的2/3处为宜。

（4）灭菌、冷却　与其他菌相同。

（5）接种　将已培养好的银耳混合母种试管和灭过菌的原种培养基瓶放入接种箱，在无菌操作下用接种针将母种白毛团整个钩出，接入原种培养基中间，1支母种试管只接1瓶原种。

（6）培养　置于23℃～25℃下培养。

3. 栽培种的制备

（1）培养基的配方

木屑麦麸培养基：与原种相同。

木屑黄豆粉培养基：木屑（阔叶树）50%，麦麸12.5%，黄豆粉36%，蔗糖0.75%，硫酸镁0.25%，石膏0.5%，含水量65%～70%，pH值5.5～6。

（2）配制方法　同前。

（3）装瓶　与原种装瓶方法相同。

（4）灭菌、冷却　与其他菇类制种相同。

(5)接种　原种应严格挑选，选出耳基大，银耳菌丝吃料多，香灰菌丝粗壮有力的原种，菌龄要求20天左右。将原种和栽培种培养基瓶放入接种箱，用70%酒精棉球揩擦原种瓶外壁进行表面消毒，在无菌操作下，用接种匙挑去原种培养基表面的耳基，将耳基下硬结的菌种压碎，然后将原种1/3以上的菌种充分混合均匀，取一匙接入栽培种培养基中间。菌种瓶底部(即1/3以下)的培养基应弃去，因为底部香灰菌丝多，银耳菌丝少，不宜做种用。1瓶原种可接栽培种20～30瓶。

(6)培养　接种后的栽培种置于23℃～25℃下培养。优良的栽培种的培养基表面应有均匀的白毛团，并分泌出淡黄色水珠。栽培种的菌龄为15～25天。

在制作原种和栽培种的含水量方面，据黄年来2000年报道：原种的含水量应控制在65%，栽培种的含水量控制在65%～70%。因为原种培养基稍干，有利于银耳菌丝的生长，不易产生酵母状分生孢子，有利于扩大为栽培种；而栽培种稍湿一些，有利于酵母状分生孢子的产生和繁殖，此孢子液渗入木屑培养基深处，和香灰菌丝均匀混合，可以弥补银耳菌丝"吃料"不深——只长在表层的缺陷，使出耳率更高，更稳定。

思考题

1. 香菇制种中，原种和栽培种都用何种主要原料？pH值是多少？并简述拌料和装瓶(袋)的操作要求。

2. 草菇菌种制作过程中，与其他菇类的菌种比较有哪两个特殊要求？

3. 银耳菌种为什么不用银耳纯菌丝种，而一定要用银耳菌丝与香灰菌丝混合的混合种？在配制混合菌种时，如何掌握两种菌的菌丝配合量？

第五章　实验室检验技术

食用菌菌种的检验十分重要，如果菌种用错了或是被杂菌污染了，都会对生产造成很大的损失。检验的内容：①识别食用菌各品种的菌丝形态、锁状联合的有无、锁状联合的形态特征以及有无厚垣孢子或分生孢子等。根据这些基本特征来判断菌种是否为所需要的纯菌种。②检验菌种是否被杂菌污染。通过对杂菌菌落的形态、菌丝、分生孢子梗、分生孢子的形态、生长势以及分生孢子的颜色特征来鉴别有无杂菌污染和杂菌的类型。这些检验工作可以通过肉眼或扩大镜观察，但是最可靠的方法是用显微镜检查。菌种制作人员必须掌握这种检验技术。为了准确地配制、稀释各种化学药品，本章还介绍简易的溶液配制方法。

一、显微镜的使用与保管

显微镜是研究微观世界的工具，也是研究食用真菌的工具。许多肉眼看不见的东西，要借助显微镜才能看清它们的特征。显微镜的种类很多，可分为光学显微镜和电子显微镜 2 大类。显微镜的作用：一是放大作用，将观察的微小样品放大到人能够看得到；二是分辨清楚物像，即有好的分辨率。通常显微镜的好坏主要取决于分辨率。常用的光学显微镜，是利用透镜的放大作用，分辨力最大的光学显微镜只能放大 2 000 倍，可以分辨的物体不小于 0.2 微米，为了观察更小的物体，就要利用电子显微镜，它将物体可以放大 20 万～200 万倍，分辨率可达 0.5 纤米。

(一)光学显微镜的结构

1. 显微镜的机械部分　显微镜机械部分包括镜座、镜柱、镜臂、载物台、镜筒、转换器、粗调焦轮与细调焦轮、推动器等部件。

(1)镜座　是显微镜基座,用以支持镜体的平衡,镜座上装有反光镜或照明光源。

(2)镜柱　镜座上面直立的短柱,连接、支持镜臂及以上部分。

(3)镜臂　是显微镜的支柱,所有机械部分都直接或间接地附着在它的上面,镜臂又是移动和携带的把手,直筒显微镜的镜臂和镜座用特殊螺旋连接(又称倾斜关节),可以变动镜臂与桌面的角度,便于观察(一般倾斜不超过 30°)。

(4)镜筒　显微镜上部圆形中空的长筒,其上端安装目镜,下端安转换器,形成接目镜与接物镜的暗室,镜筒可上下移动是利用粗、细调焦轮控制的,接目镜的倍数可按需要调换。

(5)转换器　是由 2 个金属碟所合成的转盘装置。转换器上有 3～4 个螺口,在螺口上可按顺序安装 3～4 个不同倍数的物镜,一般是 3 个物镜(低倍镜,高倍镜,油镜)。转动转换器,可按需要将其中某一物镜和镜筒连通,正确对准物镜光轴,在转环上有一个槽,壳即嵌入其中,这就可以把物镜固定在轴上,并与镜筒上面的目镜构成一个放大系统。

(6)载物台　载物台方形或圆形,中央有一孔,为光线通路,在台上装有推动器和 1 对标本压夹,可固定或移动标本的位置,使镜检对象恰好位于视野中心。

(7)推进器　安装在载物台上,是移动标本的机械部分,它是由一横一纵 2 个推进齿轴的金属架构成的。纵横架杆上还有刻度标尺,并装有游标尺,它可帮助我们重复观察到已检查标本的某一部分,只要记住先观察时纵横标尺的数值,也可用于计算标本大小。

(8)粗调焦轮与细调焦轮　粗调焦轮是移动镜筒调节物镜和标本距离,大体地调节了焦距,镜检时左手朝逆时针方向转动,镜筒即向上升,反之则下降。细调焦轮在粗调焦轮调节了物镜和标本之间的距离,大体地调节了焦距后,要得到最清楚的物像,则需要用细调焦轮做进一步的调节(图 5-1)。

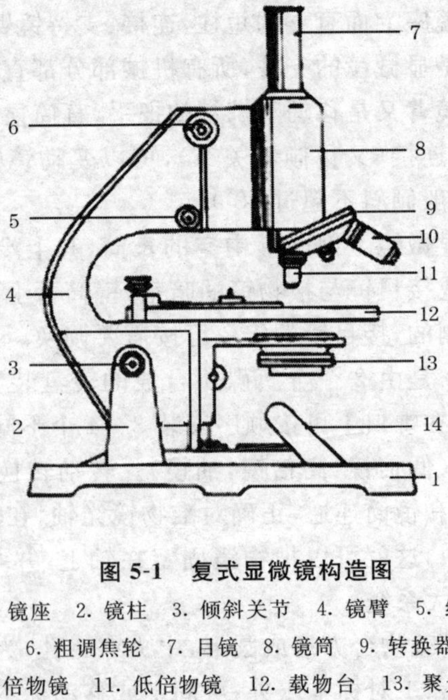

图 5-1　复式显微镜构造图

1. 镜座　2. 镜柱　3. 倾斜关节　4. 镜臂　5. 细调焦轮　6. 粗调焦轮　7. 目镜　8. 镜筒　9. 转换器　10. 高倍物镜　11. 低倍物镜　12. 载物台　13. 聚光器　14. 反光镜

2. 显微镜的光学部分　显微镜的光学部分是由成像系统和照明系统组成。成像系统包括物镜和目镜。照明系统包括反光镜、聚光器和虹彩光圈等。

(1)物镜　物镜是决定显微镜性能如分辨率的最重要部件。

常用的显微镜装有3个物镜，即低倍镜、高倍镜和油镜，它们都装在转换器上。低倍镜为4×、8×、10×，高倍镜有40×、65×，油镜为90×或100×。使用低倍镜和高倍镜时，标本和物镜之间的介质为空气；而使用油镜时，物镜和标本之间的介质是香柏油或甘油。在物镜上刻有4×、8×等字样，×表示物镜的倍数。光线照射标本，通过物镜而造成放大了的物像，这是显微镜功能的核心。

(2)目镜　目镜装在镜筒的上端，其作用是将物镜放大所成的像进一步放大，便于观察。其放大倍数有8×、10×、15×等，可根据观察需要而选择使用。

显微镜放大倍数＝物镜放大倍数×目镜放大倍数

(3)聚光器　安装在载物台下面，是由聚光透镜和升降螺旋组成。

聚光透镜：它是将大量光线汇集成为一束强的光锥直接送到标本，增强照明强度和造成适宜的光锥角度。

升降螺旋：除调节光圈可以调节光照外，转动聚光器的升降，可以调节聚光透镜所形成的光锥和标本间的关系，一般用低倍镜检查时，应降低聚光透镜的位置；用高倍镜或油镜检查时，应将聚光透镜提升到接近标本。为了检查准确，聚光器的中心必须位于显微镜的光轴上，应用时上下移动。

(4)虹彩光圈　装在聚光器内，拨动操作杆，可使光圈扩大或缩小，以调节光束的直径，并可以消除干扰光线的作用，通常用低倍镜检查时，需要较弱的光照，应缩小光圈；用高倍镜或油镜检查时，需要较强的光照，应放大光圈。

(5)反光镜　装在聚光器或光圈盘下方的镜座插孔中，它可以朝任何一个方向旋转以对准光源为目的。反光镜是由1个平面和1个凹面的镜子组成，两者背面相靠，可将投射在它上面的光反射到聚光器透镜的中央，照明标本。在光源充足的情况下，一般用平面反光镜；光源较弱时，则用凹面镜。

(二)光学显微镜的使用技术与保管

1. 光学显微镜的使用技术

(1)显微镜的放置　从柜中取镜时,打开镜箱,以右手握镜臂,左手托镜座,使其靠近胸前,平拿直立的放在桌面左侧距桌边5～6厘米处,不允许一只手提着显微镜走,勿将其倾倒,防止目镜从镜筒中滑出。

(2)使用前检查　检查各部零件是否完整、合用,镜面是否清洁。镜身机械部分的灰尘要用纱布或细软的全棉手帕擦拭,光学部分应用特制擦镜纸擦抹。

(3)调节光照　显微镜不能用直射阳光,因光线太强反而不易看清,且对光学装置部分有损害。一般白昼晴天可利用窗口进入室内的散射光作光源,如果光线不足,可采用日光灯作光源。调节光照的步骤:先旋转粗调焦轮,抬高物镜头1厘米左右,再将低倍镜物镜旋至镜筒下,旋转聚光器升降螺旋,使聚光镜和载物台表面的距离为1毫米左右。调节反光镜,在天然光线或日光灯光线照射下观察,以平面反光镜为宜,一面直接观察物镜的照明情况,一面调节反光镜镜面角度,直到最均匀、最明亮又不刺眼。开闭光圈,调节光线强弱程度,直到照明效果最佳为止。

(4)标本放置　置玻片标本于载物台上,注意检查对象向上,用推进器把标本推动放在物镜镜头正下方。

(5)低倍镜观察　任何需要检查的标本都需要先用低倍镜观察,因低倍镜视野较大,易于发现目标和确定检查位置。

检查步骤:转动粗调焦轮,使物镜向下移动至距离标本约0.5厘米的地方,用左眼视物镜,慢慢向上旋转粗调焦轮,使镜筒上升至发现视野中的检视物后,改用细调焦轮,向上或向下慢慢转动,适当调节光线,使能清楚地看到检视物。移动推进器,使玻片标本上所要观察的部位移到视野中心,认真观察标本各部位。在低倍镜下找到最适宜于高倍镜观察的部位，并将此部位移至视野中心，准备转用高倍物镜。

(6)高倍镜观察 将高倍物镜(40×)转至镜筒下方，在转换物镜时，须用眼睛从侧面观察，如镜头与玻片相撞，则是由于低倍镜没有对好焦距或者玻片标本放反(对象物向下)。必须重新在低倍镜下调节或把玻片翻到正面(对象物向上)，高倍镜转到镜筒下方后，以细调焦轮校正焦距，再用推进器校正观察部位。并调节聚光器与光圈，使光线的明亮度适合观察者的目力为准则。总之，使检视物清晰可见为止。

(7)油镜观察 观察食用菌或杂菌的菌丝和孢子等只需用低倍镜和高倍镜即可，不需要用油镜。观察更小的微生物，如细菌，在用高倍镜观察后，还需要用油镜作进一步的观察。扭动粗调焦轮将镜筒提起 2 厘米，将油镜头(90×或 100×)转至镜筒正下方，加香柏油 1 滴于玻片标本的镜检部位，慢慢转动粗调焦轮，将镜筒降下，同时从侧面注视，使油镜头浸在香柏油内，并几乎与标本接触，但切不可压及盖玻片，以免损坏镜头和标本，先用左眼观察目镜，向上微微转动粗调焦轮(此时只准向上而不能向下转动)，当视野内出现模糊的被检物时，然后再用细调焦轮微微上下转动，直至被检物清楚为止。如果视野不够亮，可开大光圈，若在向上旋转粗调焦轮时，镜头上升到油镜头已离开油滴，仍未发现被检物时，可重新下降镜头，重新操作，在下降镜头时必须从侧面注意镜头移动情况，否则可能会损坏镜头或玻片标本。在使用油镜时，检查者的手要经常用细调焦轮调节焦距，当眼睛在目镜上观察时，更不能用粗调焦轮将镜筒往下降。

油镜头使用的香柏油盛在特制双层瓶的内层，外层盛放二甲苯，油镜使用完毕，抬高镜头，必须先用擦镜纸擦去残留在镜头上的香柏油，再用擦镜纸蘸少许二甲苯擦拭，然后再用擦镜纸擦干。否则，固定镜头的胶质会被二甲苯溶解，日久镜片会自行脱落。如观察的玻片标本有盖玻片封闭，滴在上面的香柏油用同法抹去。

(8)镜检完毕后的整理工作　显微镜用毕擦净镜头后，再用干净布擦净机械部分，物镜和目镜只能用擦镜纸或柔软的绸布擦抹，切记，千万不能忽视。再将聚光器下降至最低限度，将反光镜放在与桌面垂直的方向，将空挡或低倍物镜转向对准聚光器，将镜筒向下旋转至最低限度，以避免物镜和聚光器相碰受损。最后，左手握紧镜臂，右手托平镜座，将显微镜放回镜箱中锁好。

2. 光学显微镜的保管　①显微镜应存放在阴凉干燥的地方，避免在阳光下暴晒，防止透镜脱落或破裂。若放在潮湿处，容易感染真菌。②显微镜应避免与挥发性药品或腐蚀性酸类放在一起，如碘片、酒精、醋酸、盐酸、硫酸等都对显微镜的金属部分和光学部分有害。③显微镜透镜玷污后，应用擦镜纸或柔软绸布蘸少许酒精乙醚的混合液或二甲苯由透镜中心向外进行轻擦，切忌用手指、纱布等擦拭。④防止灰尘落在显微镜的任何一部分或落入镜筒内，镜上如有灰尘应先轻轻拂去，然后擦拭，以免灰尘磨损透镜。⑤观察时如果由于观察者的呼吸所散发的水蒸气聚集在显微镜上，应用布擦干，以免使显微镜生锈生霉。镜箱内应放一袋蓝绿色的硅胶干燥剂。不用的镜头应用柔软清洁的纸包好，置于干燥器内保存。梅雨季节要注意检查和擦拭镜头。⑥显微镜不能随意拆卸，机械部分应加润滑油，以减少因摩擦而受损。

二、简易制片技术

用显微镜观察微生物，必须将被观察物制成玻片标本，才能通过物镜、目镜观察其特征。玻片制作可分为临时玻片制作和永久玻片制作2种。根据菌种厂的工作性质，此处仅介绍临时玻片的制作。

(一)材料的选取

根据材料的特点和观察的目的，食用菌实验室常采用两种取材方法。

1. 挑取法　对于在基物表面生长的菌丝体或生长茂盛的霉状杂菌，如各种食用菌的菌丝体、杂菌中的木霉菌、青霉菌、曲霉菌的分生孢子梗、分生孢子等，可以用解剖针针尖挑取少许上述材料，放在载玻片的浮载剂上制片。

2. 刮取法　对于各种食用菌的孢子，可以用小刀的刀尖刮取子实体表面的孢子制片。例如，对黑木耳孢子的观察，可以用小刀蘸浮载剂少许，在耳片的腹面白乎的地方，顺着一个方向轻轻刮取1次，将刮得的孢子沾在载玻片的浮载剂中制成玻片标本。

(二)常用的浮载剂

浮载剂的作用是防止观察材料干燥和光线扩散，有些浮载剂还有封固作用。常用的浮载剂如下。

1. 水　洁净的水是常用的浮载剂，它不会改变观察材料的体积，使用方便，其缺点是容易干燥，仅适用于短时间的检查，而不能封固保存。

2. 乳酚油　除水以外，乳酚油是应用最广泛的浮载剂，其成分为：乳酸20毫升，苯酚结晶(将药剂瓶坐在水浴锅中加热熔化)20毫升，甘油40毫升，蒸馏水20毫升。乳酚油不易干燥，乳酸和苯酚都有防腐作用，标本可以在乳酚油中保存几天或更长久一些。

乳酚油中加入适当的染料，可兼有染色作用，通常是加入0.05%～1%的苯胺蓝或0.1%的酸性品红，配成乳酚油染剂。此两染料皆为酸性染料，可染真菌的原生质，而不染细胞壁，有些分隔很难看清楚的真菌孢子，经染色后可以看得很清楚。但是乳酚油会促使孢子膨胀，影响某些真菌孢子的大小，有时可以使孢子破裂，因此，不宜用于测定孢子的大小。

（三）简易玻片标本的制作方法

1. 清洁玻片 用干净纱布揩擦载玻片时，左手的拇指和食指夹住载玻片两侧边，右手用拇指和食指将纱布夹住玻片的正反（上下）两面，朝一个方向揩擦干净。擦盖玻片时，手拿盖玻片和纱布的方向与载玻片相同。但是揩擦时是左手拿住盖玻片两侧边上下移动，左右转动，揩擦时手指用力要均匀而轻，以防损坏玻片。

2. 滴浮载剂 用滴管吸取浮载剂（如水），滴 1 滴于载玻片中央。

3. 放置材料 制玻片标本首先要选中观察的目的物，然后要求取材少、不重叠。例如，观察食用菌的菌丝，用解剖针在基物上挑取，将菌丝放置于载玻片的浮载剂中。如果挑取 1 撮菌丝体，就需要左手拿尖头镊子，右手拿解剖针将菌丝体拨散，留下极少数菌丝，多余的材料用镊子或挑针取走。

4. 加盖玻片 用镊子夹住盖玻片一侧，将另一侧先接触载玻片上浮载剂的边缘，再慢慢放下盖玻片，这样可以防止气泡产生。如果盖玻片下浮载剂过多溢出盖玻片外，可以从盖玻片外的一侧用吸水纸吸去溢出的水分。倘若浮载剂未充满盖玻片，则可从一侧滴入 1 小滴浮载剂，还可用挑针将盖玻片的一侧微微挑起，让补滴的浮载剂接触材料，然后再轻轻盖上盖玻片，并利于赶走气泡，盖玻片外缘多余的浮载剂要用吸水纸轻轻吸取干净，便于观察。

（四）玻片的清洗

1. 新玻片的清洗 新盖玻片和载玻片分别放在盐酸酒精中浸泡 4 小时，再用流水冲净，蒸馏水洗涤、晾干，置于 95%酒精溶液中备用。

2. 旧玻片的清洗 在洗衣粉水中煮沸 15 分钟除去脏物，再用清水冲净，蒸馏水洗涤、晾干，置于95％酒精溶液中备用。

附：盐酸酒精的配制方法：取70％～95％工业酒精100毫升，加浓盐酸2毫升，配制后置于玻璃缸或广口玻璃瓶中加盖备用。

三、溶液的配制方法

食用菌菌种生产中使用的化学药品通常要配制成一定浓度的溶液。所谓溶液的浓度就是指一定量的溶液里所含溶质的量。将高浓度的溶液稀释成低浓度的溶液大多数以水为溶剂。在实验室中以百分比表示浓度一般常采用十字交叉法来计算。溶液的稀释举例如下。

（一）求需要浓度的稀释方法

a——原溶液的浓度；

b——用于稀释的溶液浓度；

c——所需要的浓度；

d——c和b的差，为高浓度溶液的用量；

e——a和c的差，为低浓度（或水）溶液的用量。

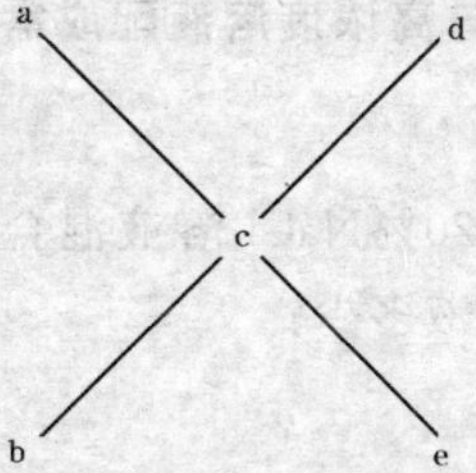

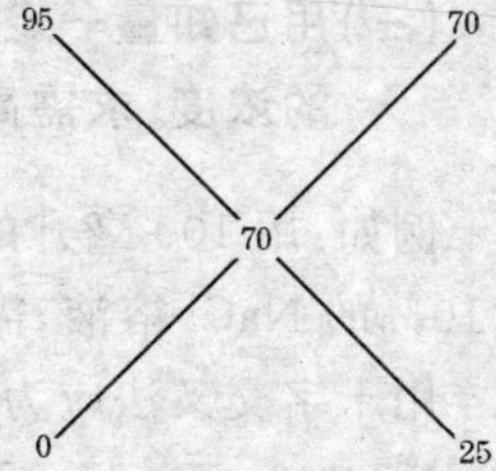

例如：95％的乙醇用水稀释到70％，根据上法，即需95％乙醇70毫升加水25毫升，配成70％乙醇。

(二)一定量的高浓度溶液,用稀释液或水稀释成某种浓度的溶液,求需要稀释液或水的量

例如:100 毫升 20%NaCl 溶液,用水稀释后配成 5%的 NaCl 溶液,需要水多少毫升?

此计算也可以用十字交叉法,因为它们在左右两边在重量(或容量)方面存在着简单的比例关系(但在计算时要注意左右重量之间不要对错了位)。

按比例应为:

100∶X=5∶15　X=300(毫升)

答:需要水 300 毫升。

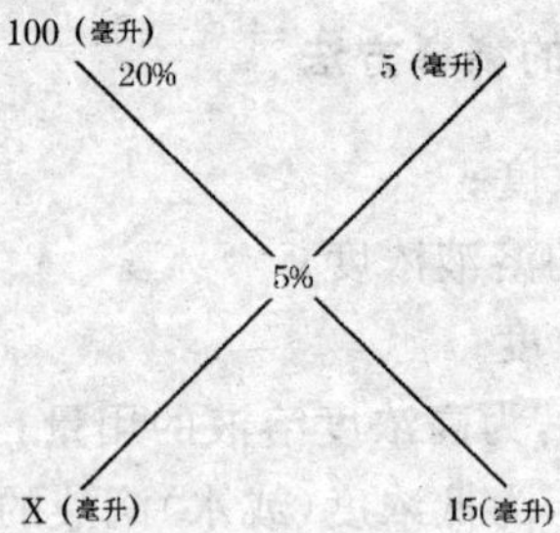

(三)用已知量一定浓度的低浓度溶液与高浓度溶液配成需要的浓度,求需高浓度溶液的量

例如:用 100 毫升的 5%NaCl 溶液与 20%NaCl 溶液混合配成 10%的 NaCl 溶液,需要 20%的 NaCl 溶液多少?

用十字交叉法应为:

X∶100=5∶10　X=50(毫升)

答:需要 20%的 NaCl 溶液 50 毫升。

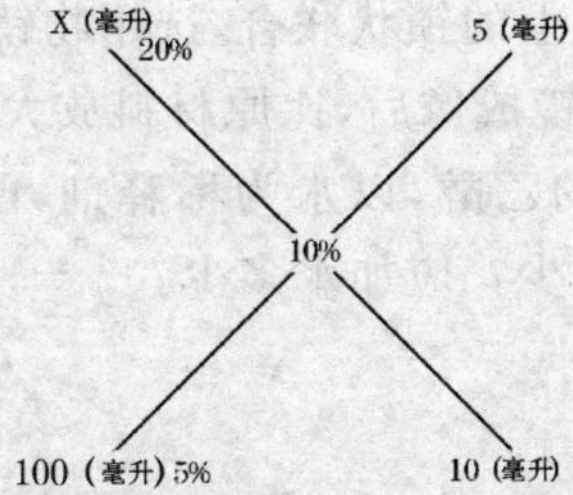

（四）需用一定量的某种浓度的溶液，求被稀释的高浓度和低浓度溶液的量

例如：现在需要配制75％乙醇500毫升，需用95％乙醇多少？水多少？

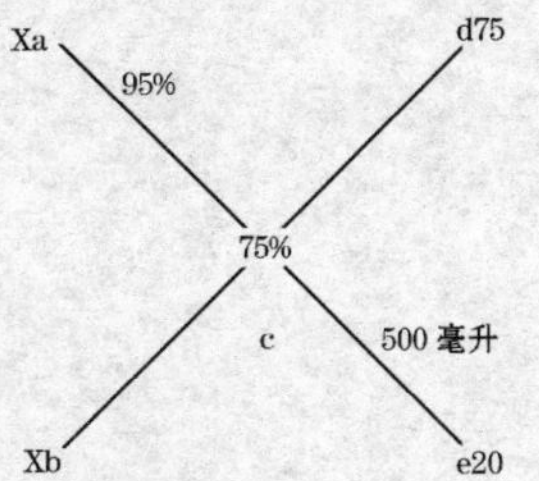

按十字交叉法其比例关系为：

(d＋e)∶d＝500∶a

(75＋20)∶75＝500∶a

a＝394.8(毫升)

因稀释后溶液总量为500毫升，则：500毫升－394.8毫升＝105.2(毫升)

答：需用95％乙醇394.8毫升，水105.2毫升。

思 考 题

1. 简述光学显微镜的使用步骤。

2. 观察平菇菌丝上的锁状联合，选用物镜 40× 的镜头和目镜 8× 的镜头，通过显微镜成像后，比原材料放大了多少倍？

3. 用 95% 浓度的乙醇，以水为稀释剂，配成 70% 的乙醇，需要 95% 浓度的乙醇多少？应加水多少？

主要参考文献

1　方中达.植物病害研究方法.北京:中国农业出版社,1979

2　何凤仙主编.植物学实验.北京:高等教育出版社,2000

3　黄年来主编.中国食用菌百科.北京:中国农业出版社,1993

4　黄年来主编.中国银耳生产.北京:中国农业出版社,2000

5　孔祥君主编.中国蘑菇生产.北京:中国农业出版社,2000

6　林芳灿,刘治根.食用菌生产指南.武汉:湖北科技出版社,1986

7　吕作舟,蔡衍山.食用菌生产技术手册.北京:中国农业出版社,1992

8　杨新美主编.中国食用菌栽培学.北京:中国农业出版社,1988

9　杨新美主编.食用菌研究法.北京:中国农业出版社,1998

10　周玉林.菌种制作技术.武汉:华中农业大学出版科,1989

蔬菜施肥技术问答(修订版)	8.00元
现代蔬菜灌溉技术	7.00元
城郊农村如何发展蔬菜业	6.50元
蔬菜规模化种植致富第一村——山东省寿光市三元朱村	10.00元
种菜关键技术121题	13.00元
菜田除草新技术	7.00元
蔬菜无土栽培新技术(修订版)	14.00元
无公害蔬菜栽培新技术	9.00元
长江流域冬季蔬菜栽培技术	10.00元
南方高山蔬菜生产技术	16.00元
夏季绿叶蔬菜栽培技术	4.60元
四季叶菜生产技术160题	7.00元
绿叶菜类蔬菜园艺工培训教材	9.00元
绿叶蔬菜保护地栽培	4.50元
绿叶菜周年生产技术	12.00元
绿叶菜类蔬菜病虫害诊断与防治原色图谱	20.50元
绿叶菜类蔬菜良种引种指导	10.00元
绿叶菜病虫害及防治原色图册	16.00元
根菜类蔬菜周年生产技术	8.00元
绿叶菜类蔬菜制种技术	5.50元
蔬菜高产良种	4.80元
根菜类蔬菜良种引种指导	13.00元
新编蔬菜优质高产良种	12.50元
名特优瓜菜新品种及栽培	22.00元
稀特菜制种技术	5.50元
蔬菜育苗技术	4.00元
豆类蔬菜园艺工培训教材	10.00元
瓜类豆类蔬菜良种	7.00元
瓜类豆类蔬菜施肥技术	6.50元
瓜类蔬菜保护地嫁接栽培配套技术120题	6.50元
瓜类蔬菜园艺工培训教材(北方本)	10.00元
瓜类蔬菜园艺工培训教材(南方本)	7.00元
菜用豆类栽培	3.80元
食用豆类种植技术	19.00元
豆类蔬菜良种引种指导	11.00元
豆类蔬菜栽培技术	9.50元

以上图书由全国各地新华书店经销。凡向本社邮购图书或音像制品,可通过邮局汇款,在汇单"附言"栏填写所购书目,邮购图书均可享受9折优惠。购书30元(按打折后实款计算)以上的免收邮挂费,购书不足30元的按邮局资费标准收取3元挂号费,邮寄费由我社承担。邮购地址:北京市丰台区晓月中路29号,邮政编码:100072,联系人:金友,电话:(010)83210681、83210682、83219215、83219217(传真)。